Die Triebwagen der Pilatus-Zahnradbahn

Technik und Geschichte

Platinum-Verlag

Vorwort

Seit 120 Jahren fahren die Triebwagen der steilsten Zahnradbahn der Welt auf den Pilatus. Jeweils von Mai - November erfreuen sich jedes Jahr Tausende von Fahrgästen über die bis heute beeindruckende Pionierleistung vom damals. Die Pilatusbahn ist Ausdruck von Schweizer Ingenieursleistung, Beharrlichkeit und dem Willen etwas Einzigartiges zu schaffen. Die Pilatusbahn-Gesellschaft wurde am 29. März 1886 im Hotel Du Lac in Luzern gegründet. Am 4. Juni 1889 nahm die Pilatusbahn unter Dampf ihren Betrieb auf; 1937 wurde sie elektrifiziert.

Im 2002 durfte die Pilatusbahn, als steilste Zahnradbahn der Welt, die Auszeichnung der American Society of Mechanical Engineerings ASME zum «Historic Mechanical Engineering Landmark» entgegennehmen. Eine Anerkennung an die technische Meisterleistung, welche bis heute erhalten blieb und einen hohen Sicherheitsstandard garantiert.

Das vorliegende Werk von Werner Tschudin widmet sich dem Rollmaterial der Pilatusbahn, das sowohl die aus dem Dampfzeitalter stammenden als auch die elektrischen Triebwagen umfasst. Der Technikbegeisterte kann sich detailliert über die technischen Einzelheiten und Besonderheiten ins Bild setzen und erhält einen vertieften Einblick in die faszinierende Welt einer Zahnradbahn.

Heute sind die PILATUS-BAHNEN ein moderner touristischer Leistungsträger mit verschiedenen Geschäftsbereichen, und in der Hochsaison sind bis zu 160 Mitarbeitende beschäftigt. Bis heute – und bestimmt auch in Zukunft - ist unsere Zahnradbahn ein Höhepunkt, welcher Gäste von nah und fern anlockt. Das dem weiterhin so bleibt, kümmert sich ein Team von Fachleuten um die Technik und den Betrieb dieses einmaligen Wunderwerkes der Technik.

Ich wünsche den Lesern dieses Buches viel Freude und den Drang immer wieder mit der steilsten Zahnradbahn der Welt zu fahren.

PILATUS-BAHNEN

André Zimmermann
CEO

Inhalt

PILATUS
LUZERN

Die Triebwagen der Pilatus-Zahnradbahn

Eduard Locher war der Erbauer der steilsten Zahnradbahn der Welt

Eduard Locher, wurde als Sohn des Baumeisters Johann Jakob Locher, stammend aus einem alten Zürcher Geschlecht, am 15. Januar 1840 in seiner Vaterstadt in Zürich geboren. Sein Vater war damals Bauherr der Stadt Zürich. Eduard Locher besuchte die städtischen Schulen und anschliessend die Industrieschule, wie damals die spätere Oberrealschule der Kantonsschule Zürich genannt wurde.

Nach deren Absolvierung verbrachte er ein Jahr in Yverdon, um 1857 in den Werkstätten von Johann Jakob Rieter & Cie. in Töss eine Lehre als Mechaniker anzutreten. Die vielen Montagen von Spinnereianlagen brachten ihn auf den Gedanken, sich dem Textilfach zuzuwenden.

Der unerwartete Tod seines Vaters im Jahr 1861 durchkreuzte jedoch seine Pläne und veranlasste ihn in das väterliche Geschäft, an dem damals auch Näff aus St. Gallen und Zschokke von Aarau beteiligt waren, einzutreten.

Sehr wohl scheint es ihm bei dieser Lösung nicht gewesen zu sein, denn er beschäftigte sich ernsthaft mit dem Gedanken nach Nordamerika auszuwandern. Dieses Projekt musste er aber wegen des Sezessionskrieges wieder aufgeben.

Im Jahr 1863 trat er aus dem Geschäft wieder aus, um den Bau einer in Azmoos zu errichtenden Jacquardweberei zu leiten, deren späterer Direktor er werden sollte.

Mit den praktischen Seiten seines Berufes war Eduard Locher von den Knabenjahren her vertraut. Zur Vertiefung seiner theoretischen Kenntnisse zögerte der damals 33jährige nicht, sich bei Professor Culmann Vorlesungen über Brückenbau und Eisenbahnbau anzuhören und bei dessen Assistenten, dem späteren Professor W. Ritter am Eidg. Polytechnikum (ETH) Privatunterricht in graphischer Statik und Festigkeitslehre zu nehmen.

Erst 1871 entschloss er gemeinsam mit seinem Bruder Fritz, sich dem damals morbiden väterlichen Geschäft wieder ernsthaft anzunehmen. Es entstand so die heute noch bestehende Firma Locher & Cie. in Zürich. Bis heute blieb die Firma Locher & Cie. dem Eisenbahnbau treu. Den beiden Brüdern, Eduard und Fritz gelang es durch Fleiss und Tüchtigkeit das Baugeschäft wieder in die Höhe zu bringen. Hoch- und Tiefbauten im In- und Ausland folgten, wie Prunkhäuser, Fabriken, Kraftwerke, Staumauern, Wasserwerke, Flusskorrekturen, Brücken usw.

So war die Firma Locher & Cie. auch am Bau der Gotthardbahn-Nordrampe mit dem Pfaffensprungtunnel beteiligt.

Die Firma Locher & Cie. war auch bei der Rhätischen Bahn, der Schweizerischen Südostbahn, der Sihltalbahn, der Stansstad-Engelberg-Bahn sowie der ehemaligen Strassenbahn im Glarner Sernftal tätig.

Als letztes grösseres Werk ist der Durchstich des Simplontunnels zu erwähnen, an dem Eduard Locher einen hervorragenden Anteil haben sollte, war doch diese Durchbohrung mit ganz unerwarteten Schwierigkeiten verbunden.

Neben allen diesen umfangreichen Berufstätigkeiten erstellte Eduard Locher noch etliche umfangreiche Fachexpertisen. In der Schweizer Armee nahm er als Genie-Oberst eine weitere wichtige Aufgabe wahr.

Die Unternehmung Locher & Cie. wirkte auch bei der Realisierung des Käferbergtunnels, des Heitersbergtunnels, sowie der S-Bahn in der Region Zürich mit. Die sechste Generation der Unternehmung beteiligt sich jetzt aktiv an der Bahn 2000 und der Alpen Transit Gotthard (NEAT) mit dem 57 km langen Eisenbahn-Basistunnel (Erstfeld–Biasca) unter dem Gotthardmassiv.

Im Jahr 1905 übergaben die beiden Brüder Eduard Locher und Fritz Locher ihr Geschäft den Söhnen, denen nun die ehrenvolle Aufgabe zufiel, das zu Ansehen gebrachte Unternehmen Locher & Cie. im gleichen Sinne fortzuführen. Eduard Locher setzte sich aber keineswegs zur Ruhe.

Er beteiligte sich an verschiedenen industriellen Unternehmungen. Ausserdem wirkte er als Präsident verschiedener Verwaltungsräte, wie der Schweizerischen Lokomotiv- und Maschinenfabrik (SLM) in Winterthur sowie der Pilatusbahn-Gesellschaft. Daneben war er als Berater und Gutachter für neu geplante Unternehmen und Verkehrsanstalten tätig. Seine Tätigkeit wurde gekrönt durch die Verleihung des Ehrentitels Dr. h.c. der ETH, eine Ehrung die seinem verdienstvollen Wirken Rechnung trug.

Als er noch wenige Wochen vor seinem Tod mit Expertisen in Turin beschäftigt war, zeigten sich die ersten Anzeichen einer Krankheit. Er musste seine Tätigkeit abrupt abbrechen und nach Hause zurückkehren.

Trotz allen ärztlichen Bemühungen verstarb er am 2. Juni 1910 in Zürich als Folge einer Herzlähmung.

Projektstart Pilatus-Zahnradbahn

Als sich das Projekt einer Zahnradbahn auf den PILATUS konkretisierte, entschloss sich Eduard Locher, zusammen mit den Kollegen Näff und Zschokke diese Herausforderung anzunehmen.

Zuerst erdachte Eduard Locher ein futuristisches Projekt einer Einschienenbahn (Monorail).

Ein kastenförmiger Stahlträger sollte als Bahntrasse im steilen Gelände von Alpnachstad auf den Pilatus verlegt werden. Auf der Balkenoberfläche waren zwei schrägverzahnte Zahnstangen (als Pfeilverzahnung) vorgesehen, in welche die Antriebszahnräder der Dampflokomotive eingreifen sollten.

Seitlich angebrachte Führungsrollen sollten die Zugskompositionen auf dem kastenförmigen Träger, mit den aufgeschraubten Laufschienen, in sicherer Position halten.

Damit wollte man Entgleisungen sowie ein Aufsteigen der Zähne auch bei grossen Steigungen ausschliessen.

Das Monorailprojekt war gedanklich den damaligen technischen Realisierungsmöglichkeiten offensichtlich so weit voraus, dass verschiedene Hindernisse die Verwirklichung des noch aus heutiger Sicht ungewöhnlichen Vor-

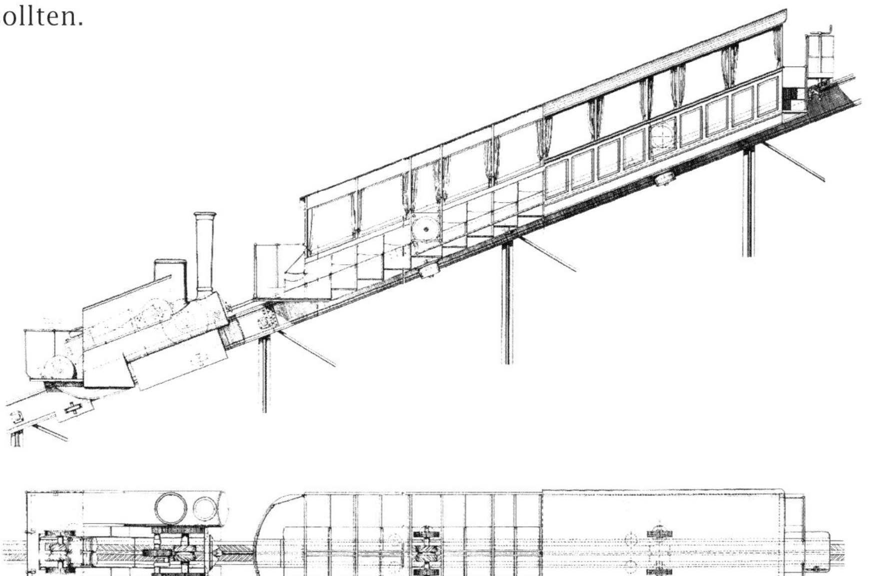

Die Zylinder der talseitig gekoppelten Dampflokomotiven wären über zwei parallel zum Stahltrasse liegenden Kesseln mit Dampf versorgt worden. Es waren Zweizylinder-Dampflokomotiven vorgesehen, deren Leistung über Vorgelegegetriebe auf die Antriebszahnräder übertragen werden sollte.

habens verunmöglichten. Aus seiner allzu kühnen Idee entwickelte Eduard Locher schliesslich sein nach ihm benanntes Antriebssystem mit horizontal eingreifenden Zahnrädern.

Der Durchbruch gelang ihm mit überarbeiteten Plänen. Er kombinierte sein Einschienen-Verkehrsmittel mit dem Oberbau und dem Unterbau herkömmlichen Eisenbahnen. Eine stark verkleinerte Spurweite von 800 mm ermöglichte die Reduktion der Kurvenradien auf 80 Meter. Spezielle bauliche Vorkehrungen sollten die Betriebssicherheit gewährleisten. Damit die Geleise die grossen Kräfte der bergwärts und talwärts fahrenden Dampftriebwagen zuverlässig aufzunehmen vermochten, wurde das gesamte Trasse, mit der Gesamtlänge von 4,62 km, mittels Kalk- resp. Granitquadern im Trockenmauersystem erstellt. Die Projektverfasser sahen somit einen solide fundierten Schienenstrang auf einem teilweise mit Granitplatten gedeckten, 114 cm breiten Mauerband vor, welcher sich nahtlos an Brücken anschmiegen und sich ebenso in Alpwiesen und steile Felspartien einfügen sollte. Nachdem eine rationelle Lösung nur mit Steigungen bis 48% zu erzielen war, ist damit die Pilatusbahn zur steilsten Zahnradbahn der Welt geworden. Diese bleibt mit dem Name Eduard Locher und der legendären locher'schen Fischgerätezahnstange unauslöschlich verbunden.

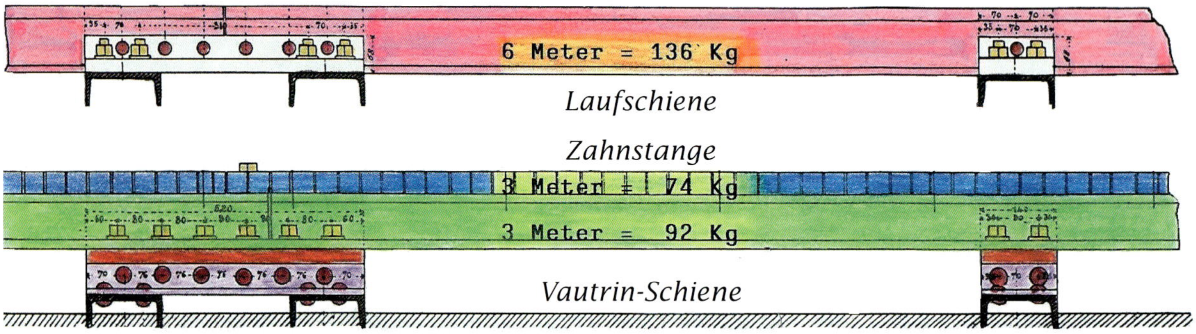

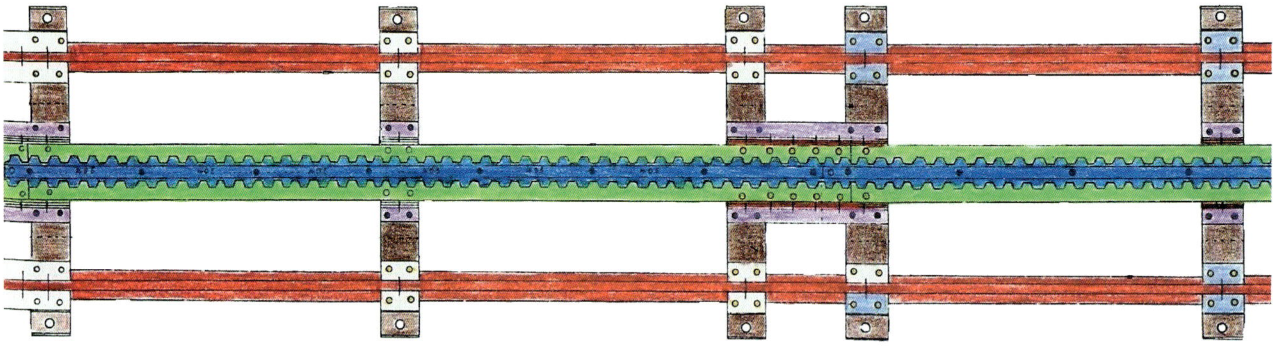

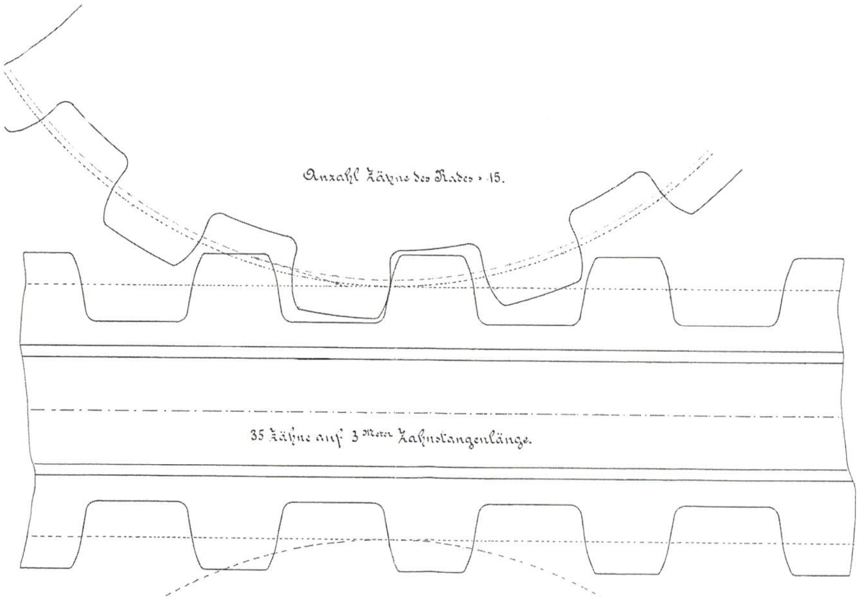

Die Zahnstangen, mit beidseitig symmetrisch angeordneten Zähnen, weisen eine Teilung von 85,7 mm auf. Für diese Zahnstangen wurde als Werkstoff Stahl mit einer Festigkeit von 50 bis 60 kg/mm² (CK-45) verwendet. Diese Materialwahl hat sich bis heute bewährt. Versuche haben gezeigt, dass die Zahnstangen in der Längsrichtung um 180° umgekehrt und wieder eingebaut werden können. Die bisher unbelastete untere Zahnflanke kommt so nach oben, d.h. auf die Eingriffseite zu liegen. Es ist anzunehmen, dass die bestehenden Zahnstangen so die nächsten 100 Jahre schadlos zu überstehen vermögen. Falls durch Steinschlag beschädigte Zahnstangenelemente ersetzt werden müssen, können solche auf dem Markt, jedoch als Sonderanfertigung und zu einem entsprechend stolzen Preis, in der Stahlqualität St.50.11 beschafft werden.

Ein spezielles Tragprofil, in umgekehrter U-Form mit Flanschen, dient als Verbindungselement zwischen den Schwellen und den Zahnstangen. Dieses Tragprofil musste seinerzeit speziell für den Bedarf der Pilatusbahn im Walzverfahren hergestellt werden. Vermutlich in Anlehnung an den Hersteller wurde dieses Profil Vautrin-Schiene genannt. Die Zahnstangen wurden auf das Tragprofil aufgenietet. Heute werden Ersatzstücke verschraubt, da die Niettechnik in diesen Dimensionen der Vergangenheit angehört. Die Seitenflanken der Vautrin-Schienen dienen zusammen mit den unterhalb der Trieb- und Bremszahnräder liegenden Spurscheiben als Horizontalführung der Triebwagen. Der technische Aufwand für die Triebwagen ist recht umfangreich. Unterhalb der paarweise liegend angeordneten Trieb- und Bremszahnrädern befinden sich die Spurscheiben. Durch diese sinnvolle Konstruktion umklammern die Triebwagen die Zahnstange so, dass die Horizontalführung, sowohl auf geraden Teilstücken wie auch in den engen Kurvenbereichen von nur 80 Meter Radius, stets einwandfrei gewährleistet ist. Die Spurscheiben verhindern auch ein Aufsteigen der Triebwagen aus den Zahnstangen heraus. Das Locher'sche Zahnstangensystem bildet insofern einen Sonderfall, weil der ganze Unterbau des Geleises von Alpnachstad bis Pilatus-Kulm, als Trockenmauer aus Kalk und Granitquadern erstellt wurde. Der ganze Geleisekörper, resp. dessen Unterbau, ist fest im Gelände, in den Felspartien sowie auf den Kunstbauten verankert. Die Zahnstangen wurden zusammen mit den sog. Eisenstühlen (Vautrin-Schienen) auf den Querschwellen vernietet und verschraubt. Damit wurde auch eine solide Verankerung zwischen Unter- und Oberbau erzielt.

„Alte Zahnstange"
CK-45 1888

„Neue Zahnstange"
St 50.11 1967

Das Locher'sche Zahnstangensystem ist wohl sehr schwer und kostspielig, hat sich aber für die steilste Zahnradbahn der Welt sehr gut bewährt. Eine Wiederholung für eine Neuanlage wäre aber aus betriebswirtschaftlichen Gründen heute unvorstellbar. Das von der Rigi-Bahnen her bekannte Riggenbach'sche Zahnstangensystem lässt nur Maximalsteigungen von 250‰ zu. Eine Zahnradbahn auf den Pilatus nach diesem System wäre daher doppelt so lang geworden.

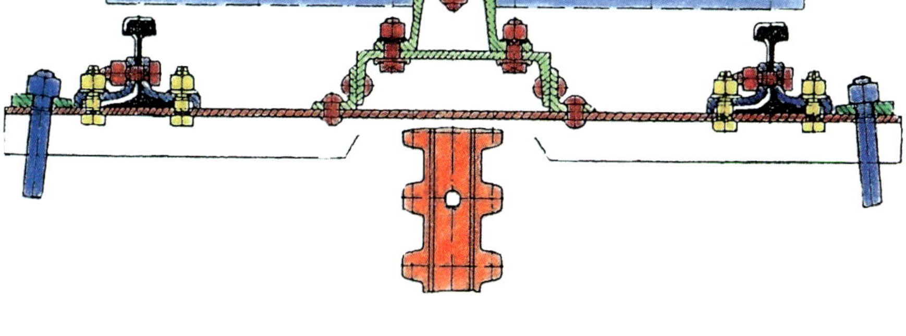

Bei der Corcovado-Bahn in Sãn Paulo, Brasilien mit Steigungen bis zu 300‰ wurde die Riggenbach-Zahnstange unter Einbau besonderer Führungen gegen das Aufsteigen, verwendet.

Noch weiter wurde in dieser Hinsicht beim Bau des Panama Kanal für die Schleusen gegangen, indem dort kurze Steigungen von 500‰ mit Treidelgeleise-Zahnstangen (System-Riggenbach) bewältigt werden.

Da mit dem Locher'schen Zahnstangen-System keine üblichen Weichen befahren werden können, ist die Pilatusbahn an den folgenden Stellen mit Schiebebühnen ausgerüstet:

Depot, Alpnachstad, Obsee, Aemsigen und Pilatus-Kulm.

Erst bei der Erweiterung der Bergstation auf Pilatus-Kulm im Jahr 1963 und 1965, kam erstmals die vom Von Roll Werk in Bern entwickelten Gleiswender zur Anwendung.

Bei diesen zwei Gleiswendern sind auf einer um die Längsachse drehbaren Platte auf der Ober- und Unterseite Schienen- und Zahnstangenstücke montiert, welche die Verbindung mit dem Hauptgeleise herstellen.

Das Drehen der Gleiswenderplatte erfolgt mittels Elektrospindelantrieb.

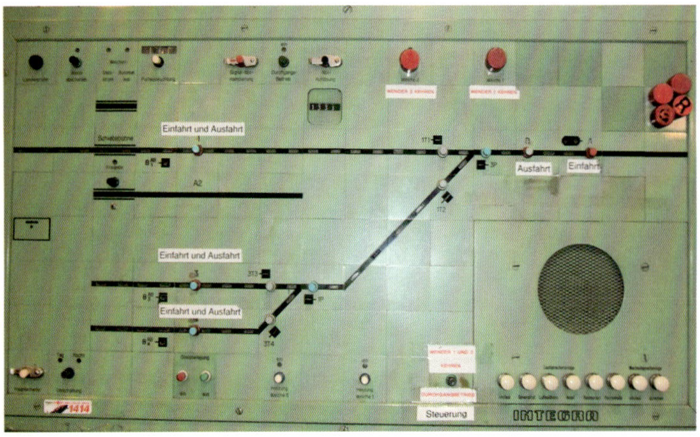

Wie bei Weichenanlagen können die Fahrstrassen per Fernsteuerung auf Distanz umgestellt werden.

Es liegt auf der Hand, dass solche Gleiswender, wie übrigens auch die Schiebebühnen, für Bahnen mit Winterbetrieb problematisch sind.

Geeignete Heizsysteme sind deshalb unerlässlich.

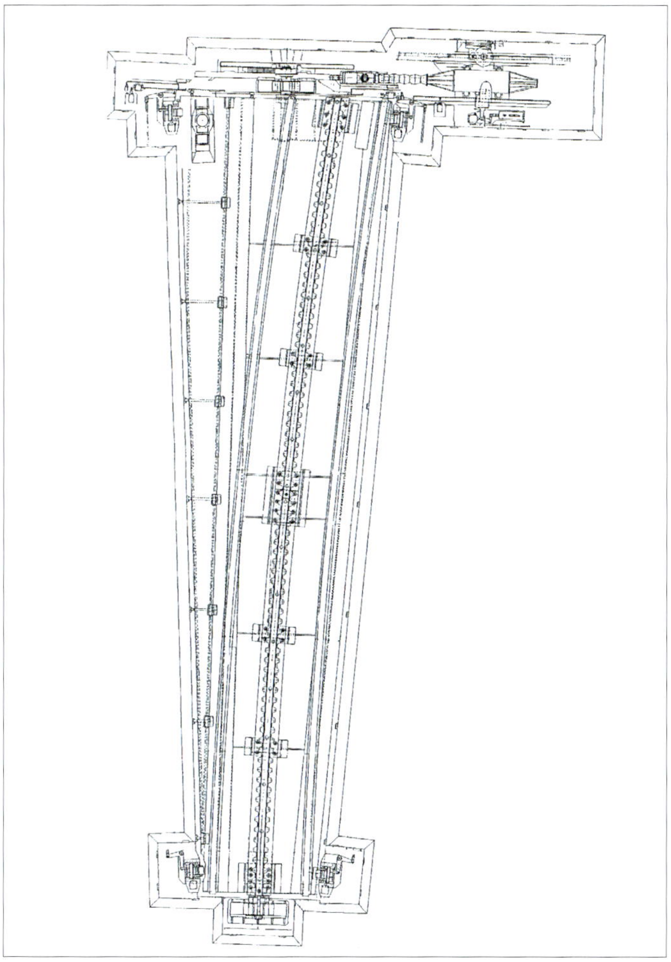

Gleiswender der von Roll Werke Bern

Grösste Steigung	=	48% und 37%
Grösste Last pro Achse	=	12'500 kg
Max. mögliche Axialbelastung (bei Vollbremsung des Triebwagens)	=	14'200 kg
Länge der Gleiswender	=	6,8 Meter
Gewicht der Gleiswender	=	3,8 Tonnen
Elektr. Antrieb	=	380 V; 2,8 kW
Spindelmotor	=	450 mm Hub
Drehgeschwindigkeit	=	0,57 m/s

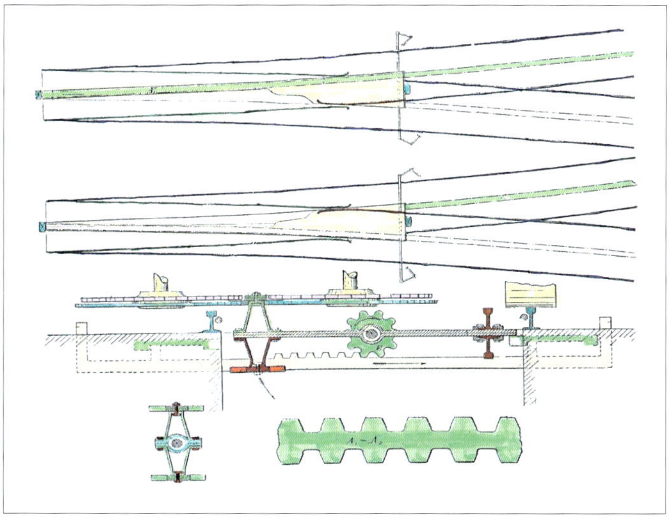

Gleiswender von Alexander Lindner

Beim Bau der Pilatusbahn, entwickelte der Ingenieur Alexander Lindner von Luzern bereits einen Gleiswender als selbsttätige Weiche für horizontal liegende Zahnschienen.

Er hat seine Konstruktion im Jahre 1891 in der Schweiz, in Deutschland, in Österreich sowie in Ungarn patentieren lassen.

Die Nachteile (Gewicht und Kosten) der Locher'schen Zahnstange suchte Ingenieur H. H. Peter mit der nach ihm benannten Kletterzahnstange zu vermeiden.

Die ungefähr 1920 von Ingenieur H. H. Peter in Zürich vorgeschlagene Kletter-Zahnstange gelangte nie zur Anwendung, obwohl es sich um eine interessante Lösung gehandelt hätte.

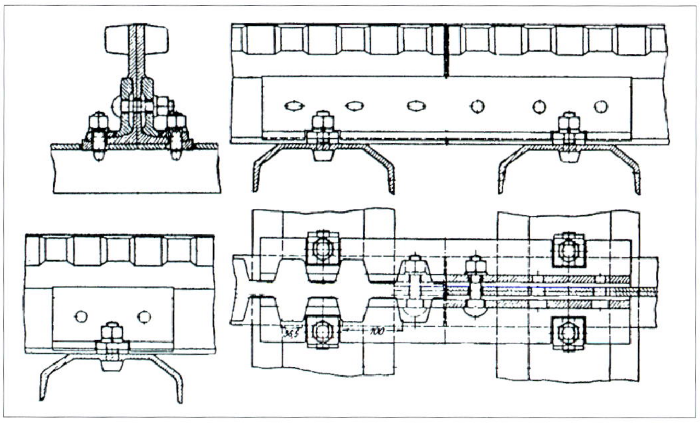

Kletter-Zahnstange-System-Peter

Projektierte Dampflokomotive von Eduard Locher

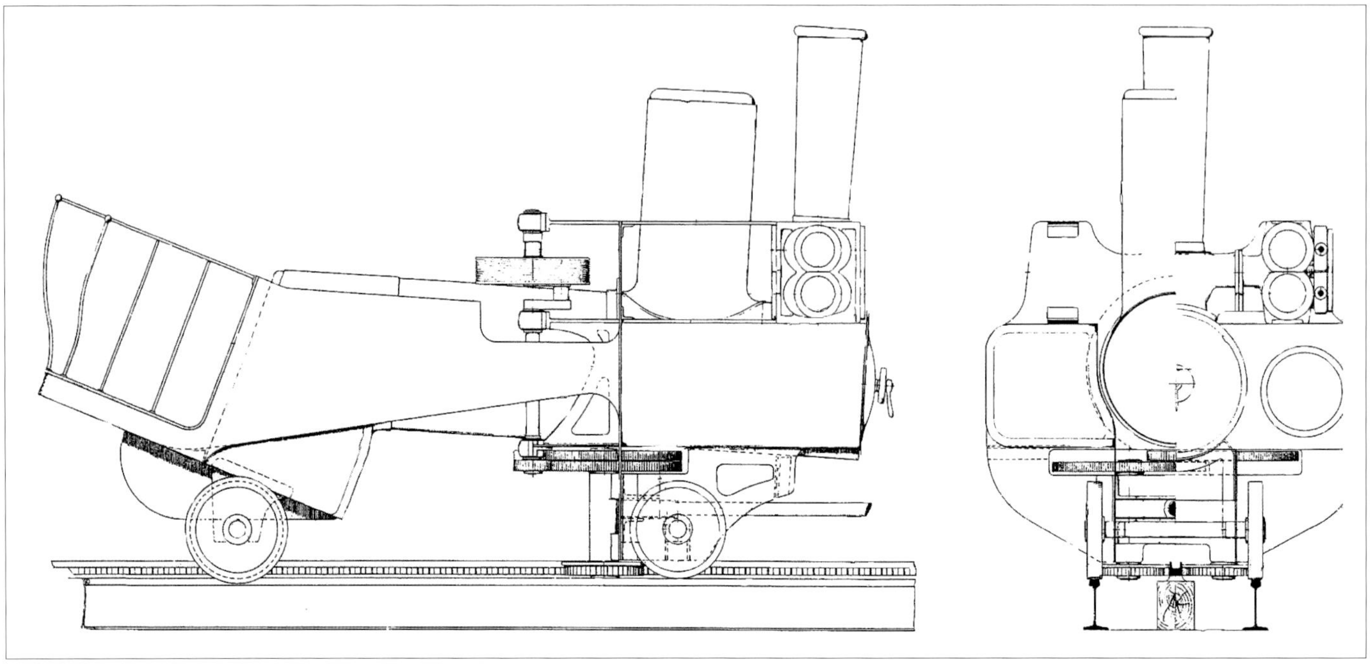

Projektskizze von August 1885

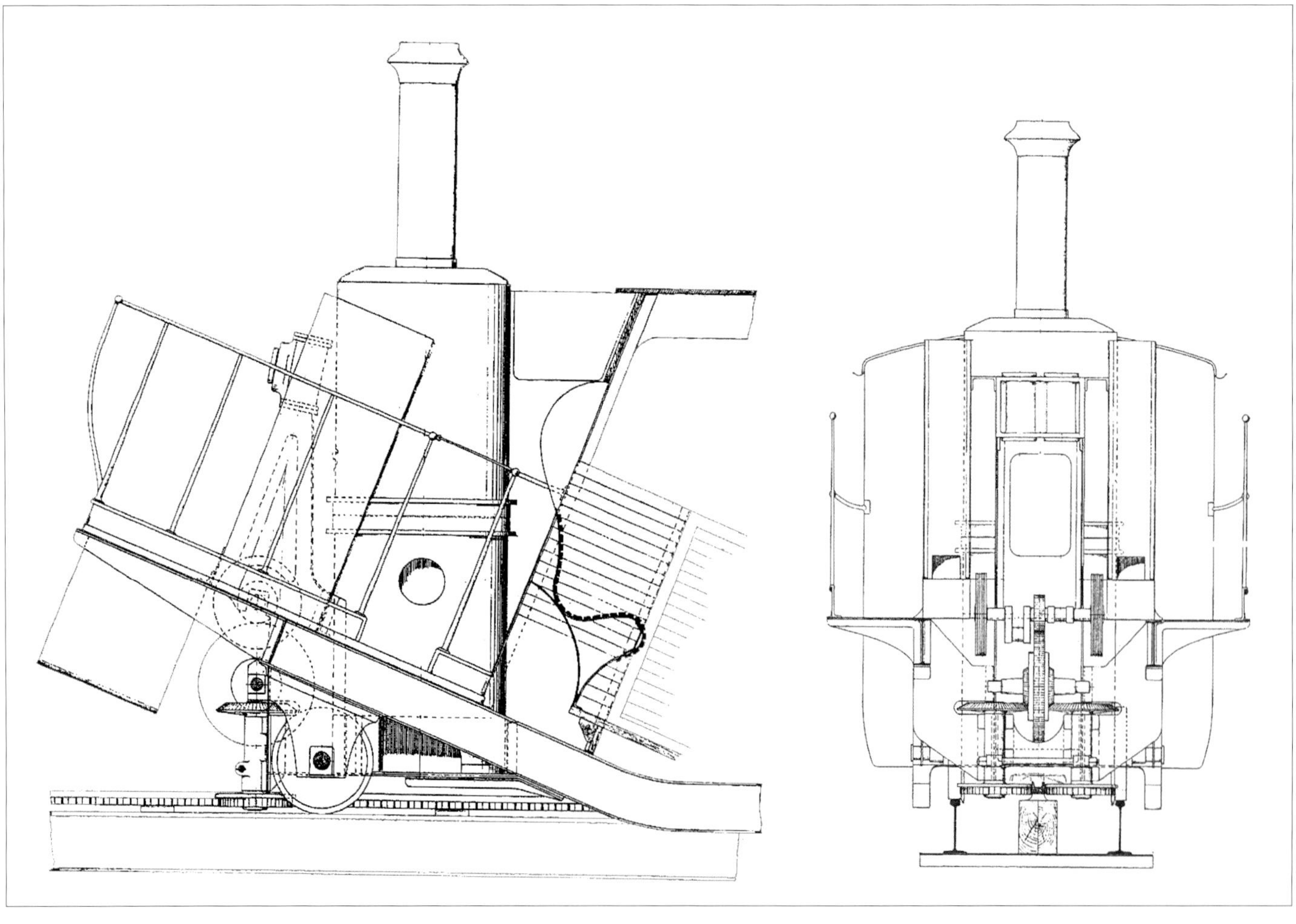

Projektskizze von September 1885

Bau der Dampf-Zahnrad-Triebwagen für die steilste Zahnradbahn der Welt mit 48% Steigung

Die Schweizerische Lokomotivenfabrik in Winterthur, SLM, erstellt und liefert als erste Probemaschine für die projektierte Pilatusbahn eine kombinierte Dampf-Zahnrad-Lokomotive mit Wagen nach den von den vertragsschliessenden Parteien gemeinschaftlich ausgearbeiteten und vom Schweizerischen Eisenbahn Departement genehmigten Plänen.

Sämtliche mechanischen Teile, wie Dampfkessel, Zylinder, etc. sind so dimensioniert, dass nach Abzug der Reibungsverluste an den zwei vertikalen Achsen der

Triebzahnräder eine Leistung von 67 PS zur Verfügung steht. Es ist einleuchtend, dass so ausserordentliche Steigungsverhältnisse auch ganz besondere konstruktive Massnahmen, nicht nur für die Bahnanlage im Allgemeinen, sondern auch vor allem für die Triebwagen selbst erforderten. Um jederzeit grösste Sicherheit für den Zahneingriff der Trieb- und Bremszahnräder zu gewährleisten, musste der horizontale Zahneingriff mit der Fischgeräte-Zahnstange gewählt werden. Da bei Bergbahnen ein möglichst geringes Leergewicht der Triebwagen ganz besonders wichtig ist, wurden Lokomotive und Wagen zu einer konstruktiven Einheit, in Form eines Triebwagens, vereint. Die ganze Antriebseinheit wurde im talseitigen Triebwagenbereich eingebaut. Die technische Einheit der Sicherheitsbremse wurde bergseitig untergebracht.

Der Dampfkessel lag quer zur Wagenachse. Damit wurde erstens eine gedrungene Bauart des Triebwagens erreicht und zweitens wurde der Wasserspiegel von den starken Neigungsschwankungen weniger beeinflusst. Zwei mit Flachschiebern versehene Dampfzylinder waren links und rechts am Triebwagenrahmen befestigt. Die Regulierung der Füllung geschah durch eine Steuerung von Altmeister Brown, dem Gründer der Lokomotivenfabrik in Winterthur. Über Kreuzkopf und Triebstange wurden die Kolbenkräfte auf eine Vorgelegewelle übertragen und von dieser aus mittels eines Zahnradgetriebes an eine zweite Horizontalwelle abgegeben. Auf letzterer sassen zwei Kegelradgetriebe, von denen jedes eine vertikale angeordnete Achse antrieb. Die Antriebszahnräder lagen links und rechts der Locher-Zahnstange; ihr Eingriff in letztere erfolgte somit beidseitig.

Um eine gleichmässige Leistungsverteilung auf jede Triebachse zu erhalten, war in den vertikalen Kegelrädern eine Ausgleichvorrichtung eingebaut. Die Antriebszahnräder wiesen untenliegende Führungsscheiben auf, welche unter der Zahnebene der Locher-Zahnstange, zusammen mit den Führungsflächen der Vautrin-Schienen, die Horizontalführung der Triebwagen sowie die korrekte Eindringtiefe der Triebradverzahnung gewährleisteten.

Der Triebwagen wies zwei Laufachsen auf, wobei die Lager der talseitigen Achse im Wagenrahmen fest eingebaut waren. Die bergseitige Achse wurde mittels einer Doppelachskiste gehalten, welche sich in der Mitte des Triebwagenrahmens abstützte. Dieser war also in drei Punkten gelagert, wodurch die Gewichtverteilung bei Gleisunebenheiten gewährleistet blieb.

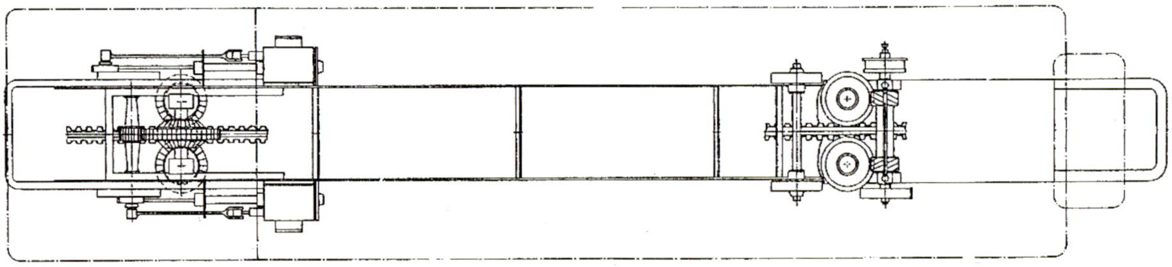

Antriebsgetriebe talseitig *Bremsgetriebe bergseitig*

Bergseitige Laufachse

Die Bremseinrichtungen eines Dampf-Zahnrad-Triebwagens erforderten natürlich grösste Aufmerksamkeit.

Man sah drei voneinander gänzlich unabhängige Bremssysteme vor. Eine Repressionsbremse (Gegendruckbremse), eine Schlingbandbremse auf die Vorgelegewelle wirkend, sowie eine Schlingbandbremse auf zwei besondere Bremszahnräder wirkend. Die erstgenannte Gegendruckbremse diente als eigentliche Betriebsbremse. Mit ihr wurde bei Talfahrt die Geschwindigkeit reguliert. Die beiden letzteren Schlingbandbremsen wirkten als Notbremsen. Besondere Erwähnung verdient die Bremszahnrad-Einrichtung, weil sie wirklich eine geniale Lösung darstellt. Beim Bau der Elektro-Zahnrad-Triebwagen im Jahre 1937 fand sich kein einfacheres und zweckmässigeres System; es wurde im Prinzip unverändert für die neuen moderneren Triebwagen übernommen.
Diese Schlingbandbremse war in der Nähe der oberen Laufachse eingebaut und wies zwei Bremszahnradachsen in gleicher vertikaler Anordnung wie die Antriebzahnräder auf. Die Achsen trugen auf ihrem oberen Ende Schneckenräder, die über je einer Schnecke mit einer horizontalen Welle im Eingriff standen.

Die beiden Schnecken waren über eine gemeinsame Welle an einem Ende mit einer Bremsscheibe verbunden. In die Schneckenräder war ein Klinkenmechanismus eingebaut, der bei angezogener Schlingbandbremse (was für die Bergfahrt Vorschrift war) ein ungewolltes Rückwärtsrollen verhinderte. Diese Schlingbandbremse konnte im Übrigen auch durch eine Feder angezogen werden, welche bei normaler Fahrt durch einen Hebelmechanismus im gespannten Zustand verharrte. Ein Fliehkraftregler entriegelte den Hebelmechanismus der Sicherheitsbremse beim Überschreiten der höchstzulässigen Talfahrtgeschwindigkei von 4,7 km/h. Dadurch wurde die gespannte Federenergie freigegeben und die Schlingbandbremse angezogen.

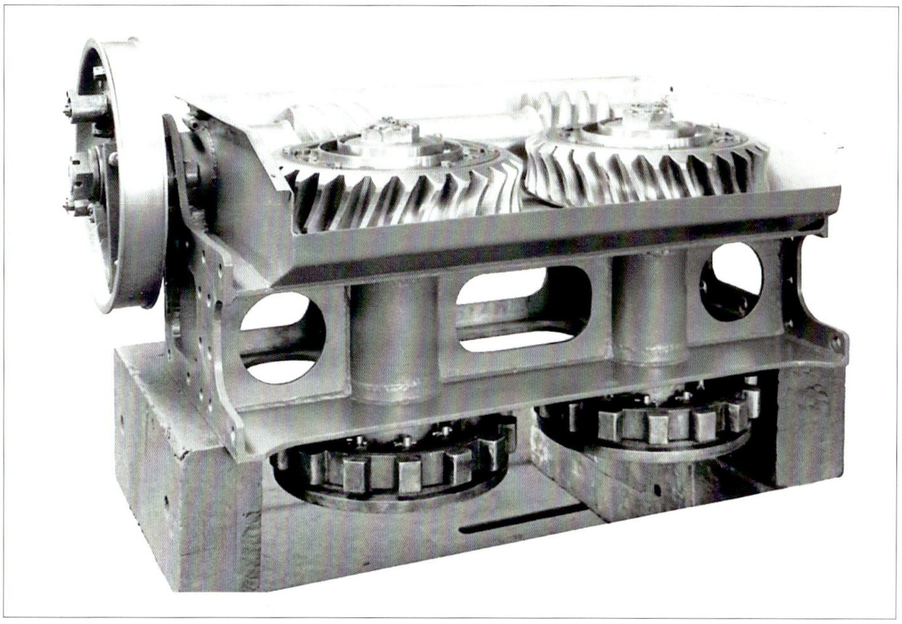

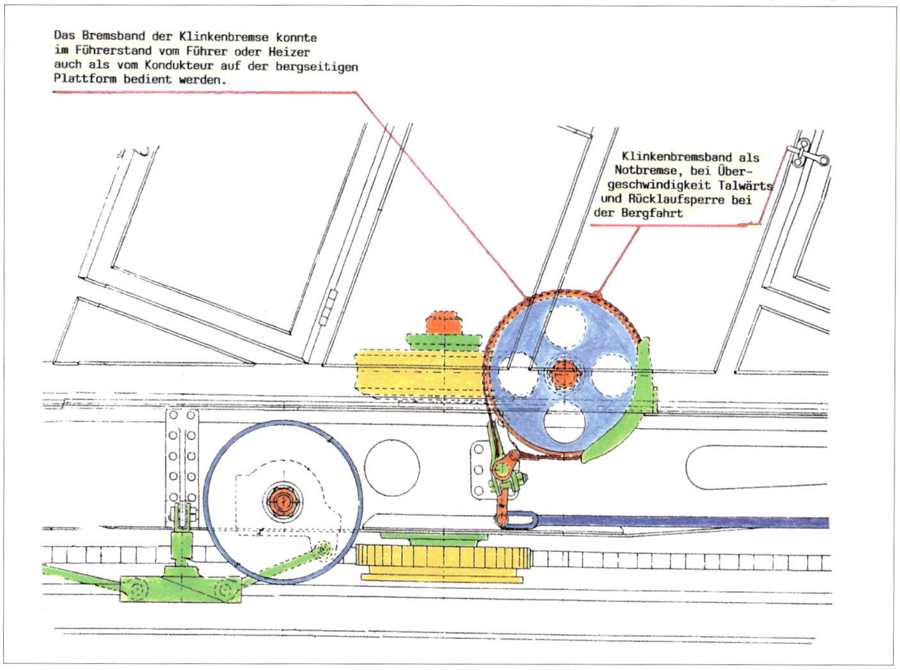

Als weitere Sicherheitsmassnahme waren in der Nähe der bergseitigen Laufachse zwei Klauen angebracht, welche die Köpfe der Laufschienen umfassten und ein Umwerfen des Triebwagens durch Windstösse verhindern sollten.

Geschichtliches der Dampf-Zahnrad-Triebwagen

Die aussergewöhnliche und einmalig gebliebene Höchstleistung der Pilatusbahn verlangte eine spezielle Fahrzeugkonstruktion. Die aufzubringende Zugkraft oder besser Stosskraft ist bei 48% (480‰) Steigung beinahe halb so gross wie das gesamte Zuggewicht. Minimales Zuggewicht liess sich dadurch erreichen, dass Lokomotive und Wagenkasten zu einem einzigen Triebwagen vereinigt, d.h. als Dampf-Zahnrad-Triebwagen ausgebildet wurde. Triebwagen für den Dampfbetrieb hatten allerdings seit jeher grosse betriebliche Nachteile, die in diesem speziellen Fall jedoch durch die Ersparnisse an Kohle und Wasser mehr als aufgewogen werden konnte.
Für andere Zahnrad-Bergbahnen, deren Maximalsteigung von 250‰ im Allgemeinen nicht überschritten wurde, wurden nirgendwo Dampftriebwagen gebaut.

Die Dampf-Zahnrad-Triebwagen der Pilatusbahn stellten somit eine echte Rarität dar.

Beim elektrischen Betrieb hingegen, wo die Unterbringung der Antriebmittel im Personenwagen selbst weniger Schwierigkeiten bereiteten, hat sich der Triebwagen allmählich überall durchgesetzt.

Im Pauschalvertrag zwischen der Pilatusbahn-Gesellschaft und der Unternehmergemeinschaft Locher & Cie. in Zürich war die Lieferung von acht Dampf-Zahnrad-Triebwagen vereinbart worden. Ihr Bau erfolgte durch die Schweizerische Lokomotiv- und Maschinenfabrik SLM in Winterthur, was den Lokomotiventeil und das Untergestell betrifft, während der Personenwagenkasten von der Schweizerischen Industrie Gesellschaft SIG in Neuhausen hergestellt wurde. Die zuerst gelieferten Dampf-Zahnrad-Triebwagen Nr. 1 + 2 dienten während des Bahnbaus mit Güterplattformen anstelle der Personenwagenkasten dem Materialnachschub.

Die ersten Fahrversuche fanden am 5. Oktober 1886 statt. Ende 1887 waren bereits drei Dampf-Zahnrad-Triebwagen verfügbar. Im Juni 1888 folgten drei weitere Dampf-Zahnrad-Triebwagen Nr. 4 + 5 + 6.

Kurz nach der Betriebseröffnung vom 4. Juni 1889, am 10. Juni 1889 wurde der siebte Dampf-Zahnrad-Triebwagen Nr. 8 und am 5. Juli 1889, der Dampf-Zahnrad-Triebwagen Nr. 9 abgeliefert.

Für die im selben Jahr 1889 (Frühjahr) in Paris veranstaltete Weltausstellung hat die Industrie aus eigener Initiative einen weiteren Dampf-Zahnrad-Triebwagen gleichen Typs hergestellt, mit der Betriebsnummer 6.

Am 31. Dezember 1889 wurde der neunte Dampf-Zahnrad-Triebwagen Nr. 6 von der Weltausstellung in Paris, der Pilatusbahn abgeliefert.
Später wurden noch zwei weitere Dampf-Zahnrad-Triebwagen beschafft.

- 1900 der zehnte Dampf-Zahnrad-Triebwagen Nr. 10
- 1909 der elfte Dampf-Zahnrad-Triebwagen Nr. 11
- 1936 d.h. nach der letzten Dampfbetrieb-Saison wurden neuen Dampf-Zahnrad-Triebwagen ausrangiert.

Da der Dampf-Zahnrad-Triebwagen anfänglich dem Materialtransport diente, wurden zunächst an Stelle des Wagenkastens eine Güterplattform aufmontiert.

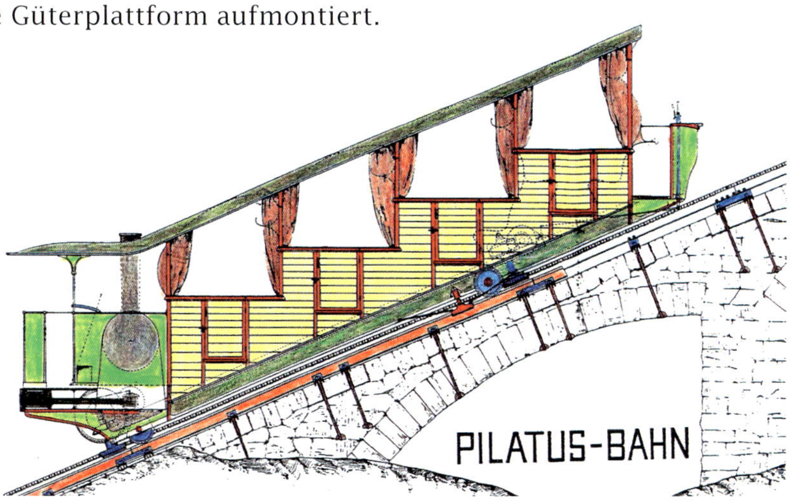

Der Dampf-Zahnrad-Triebwagen Nr. 1 ist längst aus dem Betrieb verschwunden. Aber beinahe ein Menschenalter lang hat diese Maschine treu und zuverlässig ihren Dienst geleistet. Bis zum Jahre 1909 folgten ihr noch weitere zehn Wagen, die abgesehen von einigen Verbesserungen, alle grundsätzlich die gleiche Konstruktion aufwiesen.

Der Wagenkasten bestand, der dazumal allgemein gebräuchlichen Bauweise entsprechend, aus Holz. Er stützte sich ohne Federung auf dem Triebwagenrahmen ab.

Die Technik der Dampf-Zahnrad-Triebwagen

Die Konstruktion der Dampf-Zahnrad-Triebwagen war das Gemeinschaftswerk des Unternehmers und Verwaltungsratmitglieds Eduard Locher, nach welchem das Zahnstangensystem benannt ist sowie der Herren Charles Brown, Weber, Hoffmann und Haas von der SLM.

Wie bereits erwähnt, sassen der Personenwagenkasten und der Lokomotiventeil auf demselben Rahmen, welcher zugleich den Wassertank enthielt. Der ganze Dampf-Zahnrad-Triebwagen ruhte in einer Dreipunktelagerung auf zwei Laufachsen, nämlich auf der Mitte der bergseitigen und den Enden der talseitigen Laufachse. Damit war gewährleistet, dass unabhängig vom Bahntrasseverlauf alle vier Laufräder gleichmässig belastet blieben. Nahe der Laufachse war auf beiden Seiten der Zahnstange je ein mit dieser im Eingriff stehendes, zur Gleisebene parallel liegendes Zahnrad, vorhanden. Von diesem Zahnradpaar diente das obere der Bremsung, während das untere mit der Dampfmaschine in Verbindung stand. Zur seitlichen Führung der Dampf-Zahnrad-Triebwagen waren unter jedem Zahnrad, und mit diesem fest verbunden, so genannte Spurscheiben angebracht. Diese Spurscheiben rollten an den vertikalen Flanken der zahnstangentragenden Vautrin-Schiene ab. Die Spurscheiben dienten, da sie die Zahnstangenzähne untergriffen, zugleich als Sicherung gegen ein Umkippen der Triebwagen bei zu starkem Winddruck. Zusätzlich, ursprünglich zum selben Zweck vorgesehene und talseitig der oberen Tragachse angeordnete, den Laufschienkopf umfassende Sicherungsklauen, erwiesen sich als überflüssig und wurden später weggelassen. Da die seitliche Führung durch die Spurscheiben sichergestellt wurde, konnte man auf Spurkränze an den Laufrädern verzichten. Anfänglich scheinen denn auch keine solchen vorhanden gewesen zu sein. Erst später, als es gewisse horizontale Gleisabschnitte im Depotareal ohne Zahnstangen gab, benötigte man Spurkränze an den Laufrädern, die jedoch im Gegensatz zu normalen Eisenbahn-Fahrzeugen aussen angeordnet waren. Innenliegende Spurkränze

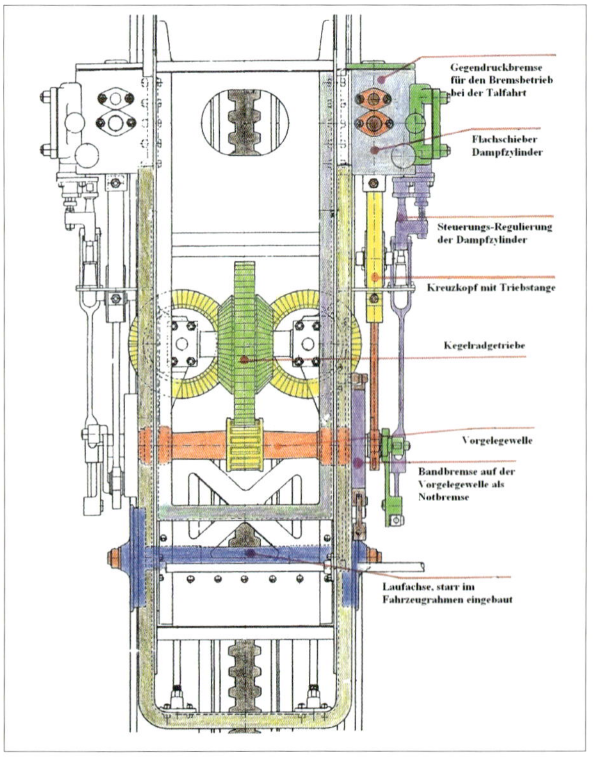

wären offensichtlich den Bremszahnrädern zu nahe gekommen. Die talseitige Laufachse war bei der Erstausführung noch bergseits des Triebzahnradpaares angeordnet, wurde jedoch später zwecks besserer Lastverteilung und um den grossen Überhang zu vermeiden, talseitig angebracht.

Der Antrieb erfolgte durch eine normale, aussen liegende Zweizylindermaschine mit Steuerung nach Brown. Diese trieb eine horizontale Vorgelegewelle, welche über eine Zahnraduntersetzung mit einer weiteren horizontalen Welle in Verbindung stand. Beiderseits des grossen Zahnrades sassen auf dieser Welle Kegelräder, die ihrerseits in Kegelräder auf den Triebzahnradachsen eingriffen. Zum Ausgleich unterschiedlicher Umfangsgeschwindigkeiten beider Triebzahnräder bei Teilungsungenauigkeit der Zahnstange und insbesondere in den Kurven, waren die Kegelräder auf der horizontalen Achse mit dem grossen Zahnrad nicht fest, sondern über speziell geformte Mitnehmerkeile verbunden, welche das nötige, wenn auch sehr kleine Spiel gestatteten.

Wie bei allen Bergbahnen musste natürlich auch hier den Bremsen grosse Beachtung geschenkt werden.
Insgesamt waren drei unabhängige Bremssysteme vorhanden:
Die mit (Repression-) Gegendruck arbeitende Dampfmaschine als Betriebsbremse bei der Talfahrt.
Eine auf die horizontale Vorgelegewelle wirkende Schlingbandbremse.
Eine auf die vom bergseitigen Zahnradpaar bei der Talfahrt über einen Klinkenmechanismus angetriebene Schneckenwelle wirkende Schlingbandbremse, die sowohl vom Lokomotivführer oder Heizer auch als vom Kondukteur auf der bergseitigen Plattform bedient werden konnte.
Ein auf die genannte Schneckenwelle wirkender automatischer Fliehkraftregler, einsetzend bei der Talfahrtgeschwindigkeit von ca. 4,7 km/h.

Der Dampfkessel war ein normaler Lokomotivkessel, jedoch quer zur Fahrrichtung angeordnet. Dadurch hatten die wechselnden Steigungen geringen Einfluss auf den Wasserstand. Der Kessel des zuletzt gelieferten Dampf-Zahnrad-Triebwagens Nr. 11, war mit einem Überhitzer ausgerüstet. Je zwei weitere Dampf-Zahnrad-Triebwagen Nr. 1; 2; 6 und 8, erhielten 1910 / 1911 neue Kessel mit Überhitzer. Dank gewellten Feuerrohren, ab 1924 bei allen Dampf-Zahnrad-Triebwagen vorhanden, konnte die Heizfläche und damit die Kesselleistung vergrössert werden.

Die Personenwagenkasten bestanden aus vier treppenförmig angeordneten Abteilen zu je acht Sitzplätzen.

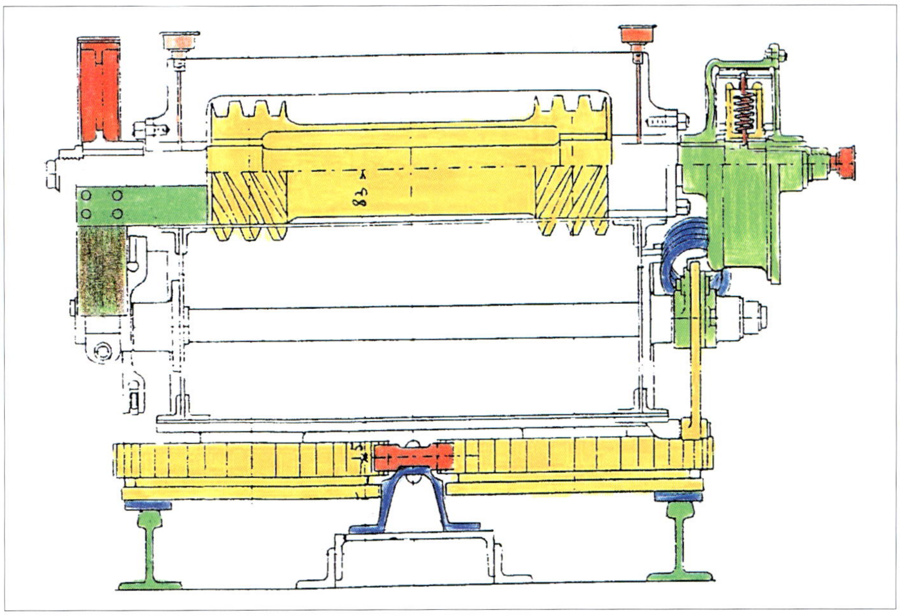

Bei der ursprünglichen Ausführung sollen die Abteile seitlich oben offen gewesen sein. Anfänglich waren die Personenwagenkasten direkt auf dem Triebwagenrahmen aufgesetzt. Da wegen der grossen Steigung 48% der Personenwagenkasten sehr leicht gebaut war, genügte seine

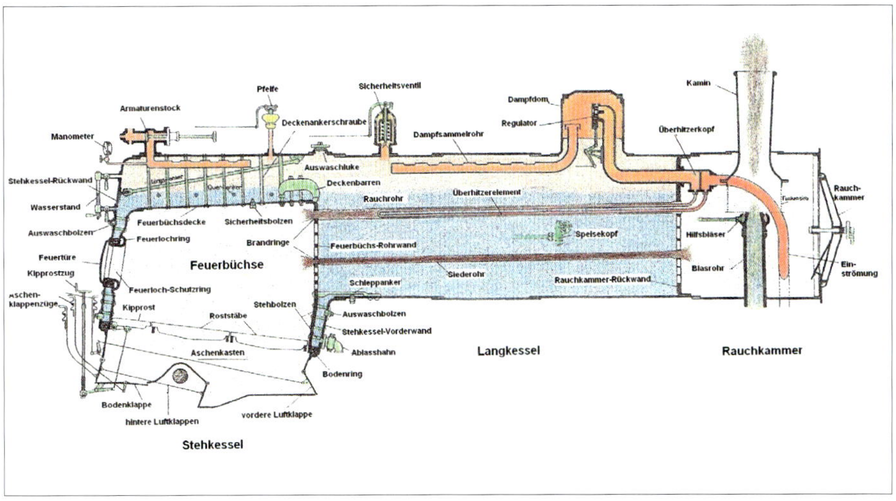

Masse nicht um die störenden Bewegungen der Dampfmaschine ausreichend abzuschwächen. Die Reisenden wurden sehr unangenehm geschüttelt, viel stärker als bei jeder anderen Bergbahn. Nach mehrjährigen Versuchen gelang es bis etwa um die Jahrhundertwende, alle Dampf-Zahnrad-Triebwagen in dieser Hinsicht zu sanieren. Es wurden zwischen Personenwagenkasten und dem Triebwagenrahmen acht Doppelblattfedern, so genannte Tragfedern eingebaut, welche die vertikalen Stösse aufzunehmen hatten. Acht zusätzlich eingebaute Doppel Schraubenfedern, so genannte Vor- und Rückfedern, dämpften die Längsschwingungen. Die Personenwagenkasten waren nun vollständig frei aufgehängt und die störenden Erschütterungen blieben fortan aus.

Der Anstrich der Dampf-Zahnrad-Triebwagen war offenbar nicht einheitlich.

Beim Dampf-Zahnrad-Triebwagen Nr. 9, wurde der Lokomotivteil schokoladenbraun und der Personenwagenkasten himmelblau mit dunkelblauen Tür- und Fensterrahmen lackiert.

Für die Ausstellung im Verkehrhaus der Schweiz in Luzern, wurden der Lokomotivteil grün und der Personenwagenkasten gelb gestrichen.

Bei dem in München stehenden Dampf-Zahnrad-Triebwagen Nr. 10, welcher vor Ort eine Anstricherneuerung erfahren hat, sind sowohl der Lokomotivteil wie auch der Personenwagenkasten in grün mit roten Zierlinien gehalten.

Ein Modell des Dampf-Zahnrad-Triebwagens Nr. 10, im Massstab 1:10, welches die Pilatusbahn-Gesellschaft 1907 dem Deutschen Museum in München leihweise übergeben hat und das sich heute wieder im Besitz der Pilatusbahnen AG befindet, weist hingegen einen gelben Personenwagenkasten auf.

Es ist denkbar, dass im laufe der Jahre im Zuge betrieblicher Erfordernisse, wie Revisionen und Reparaturen, nicht immer die gleichen Lokomotivteile und Personenwagenkasten miteinander kombiniert wurden.

Zwei Dampf-Zahnrad-Triebwagen sind bis heute erhalten geblieben

Der Dampf-Zahnrad-Triebwagen Bhd Nr. 10 Betr. Nr.1309 steht seit 1976 als dauernde Leihgabe im Deutschen Museum in München.

Der Dampf-Zahnrad-Triebwagen Bhd Nr. 9 Betr. Nr. 563 steht seit 1982 als Geschenk im Verkehrshaus der Schweiz in Luzern.

Technische Daten der Dampf-Zahnrad- Triebwagen

Betriebsnummer:	**Bhd ½ Nr.1 – 2**	**Bhd ½ Nr. 11**
Baujahr:	1886 – 1887	1909
Gesamtlänge:	9,7 m	10,85 m
Radstand der Laufräder:	4,9 m	6,1 m
Leergewicht:	7,5 t	7,8 t
Dienstgewicht:	10,5 t	10,8 t
Wasser im Reservoir:	800 l	800 l
Wasser im Heizkessel:	485 l	485 l
Sitzplätze:	32 Passagiere	32 Passagiere
Diameter der Zylinder:	220 mm	235 mm
Kolbenhub:	300 mm	300 mm
Arbeitsdampfdruck:	12 Atü	12 Atü
Heizfläche total:	19,7 m²	20,2 m²
Tourenzahl:	180 Umdr/min	180 Umdr/min
Fahrgeschwindigkeit:	6,0 km/h	6,0 km/h
Anschaffungspreis mit Personenwagenkasten:	Fr. 35'000.–	Fr. 43'500.–

Die Dampf-Zahnrad-Triebwagen
Fabrik Nummern und Betriebs Nummern

Fabrik-nummer	Betriebs-nummer	Baujahr	Fabrik-nummer ab 1937	Fabrik-nummer ab 1976/1982
451	Bhd ½ 1	1886		
464	Bhd ½ 2	1887		ab 1918 BFhd ½
465	H ½ 3	1887		
512	H ½ 4	1888		
513	H ½ 5	1888		
514	H ½ 6	1888		
561	H ½ 7	1889		als Nr. 6 in Paris
562	H ½ 8	1889		
563	H ½ 9	1889	514	Nr. 514 im VHS Luzern
1309	H ½ 10	1900	562	Nr. 1309 im DM München
1983	Bhd ½ 11	1909		

Laut Unterlagen der SIG waren die Personenwagenkasten 1886 bestellt worden, davon acht auf die Betriebseröffnung 1889 hin und der neunte anfangs 1890. Gemäss Geschäftsbericht kam 1890 noch ein Reserve-Personenwagenkasten hinzu, welcher die Möglichkeit zum Gütertransport bot, da die beiden oberen Abteile Klappsitze besassen. Dieser wurde auf den Dampf-Zahnrad-Triebwagen Nr. 2 aufgesetzt.

Der Kasten des Letzteren wurde 1900 für den neuen Dampf-Zahnrad-Triebwagen Nr. 10 verwendet, nachdem man diesen in der eigenen Werkstätte in gleicher Weise für den Gütertransport eingerichtet hatte.

Der Dampf-Zahnrad-Triebwagen Nr. 11 wurde dann wieder mit einem neuen Personenwagenkasten von der SIG in Betrieb genommen.

Als erster der drei im Jahre 1889 gebauten Dampf-Zahnrad-Triebwagen Nr. 7; 8; 9 wurde Nr. 7, vorerst an der Weltausstellung in Paris präsentiert. Seltsamerweise wies das Ausstellungsexemplar die Betriebs Nr. 6 auf, obschon bei der Pilatusbahn zu diesem Zeitpunkt bereits ein Dampf-Zahnrad-Triebwagen Nr. 6 mit derselben Nummer vorhanden war. Vermutlich geschah dies in der Absicht, nach einer erhofften Übernahme durch die Pilatusbahn dann die Messingziffer 6 durch einfaches Drehen um 180° in die Nummer 9 verwandeln zu können.

Bei der Pilatusbahn ist das übernommene Ausstellungsfahrzeug in der Folge jedoch zum Dampf-Zahnrad-Triebwagen Nr. 7 geworden, welche Nummer offenbar für ihn freigehalten wurde.

Gewisse Quellen nennen zwar die 9 als Pilatusbahn-Betriebsnummer. Diese Annahme kann jedoch nach der Einsichtnahme ins Original-Betriebsbuch der echten Nr. 9 ausgeschlossen werden, da diese bereits am 5. Juli 1889 mit eben dieser Nummer Nr. 9 in Betrieb genommen wurde.

Die nach der Elektrifikation noch existierenden Dampf-Zahnrad-Triebwagen Nr. 9 und 10 erhielten im Jahre 1937, die erst 1930 gebauten Heissdampfkessel der ausrangierten Dampf-Zahnrad-Triebwagen Nr. 6 und 8, samt deren Fabrik-Nummertafel 514 bzw. 562.

Im Deutschen Museum in München wurde unterdessen die dort vorhandene Fabrik-Nummertafel, wieder gegen solche mit der Nummer 1309 ausgetauscht.

Die Gipfel-Stürmer der Pilatusbahn

Am 4. Juni 1889 wurde die Pilatus-Zahnradbahn in den Betrieb genommen

Als ganz besonderes Abenteuer galt offenbar im 18. Jahrhundert die Idee, den Pilatus vom am Vierwaldstättersee gelegenen Alpnachstad her mit einer Zahnradbahn zu bezwingen. Vermutlich nur aus euphorischem Glauben an das aufstrebende Verkehrsmittel Eisenbahn und in Überzeugung der Machbarkeit liessen sich damals kühne Geister nicht davon abhalten, entsprechende Projekte auszuarbeiten. Noch heute verdient diese Idee und Realisierung uneingeschränkte Bewunderung. Als die Pilatusbahn im 18. Jahrhundert geplant wurde, steckte die elektrische Zugförderung noch in ihren Kinderschuhen.

Die Dampf-Zahnrad-Triebwagen

Kein Wunder also, dass zur Erschliessung des Pilatus noch der Dampfkraft der Vorzug gegeben wurde.

Trotz des Entscheides den Pilatus mit Dampftraktion zu erklimmen, waren grosse und noch nie da gewesene Probleme zu bewältigen. Die bis heute für Zahnradbahnen einmalige gebliebene Steigung von 48% rief nach vollkommen neuen Konstruktionsrichtlinien: So kleines Zugsgewicht wie möglich (bei 48% entspricht die notwendige Kraft, beinahe dem halben Zugsgewicht!). Zur Reduktion des Zugsgewichtes vereinigte man Lokomotive und Personenwagenkasten zu einem Triebwagen.

Der Bergbahn-Dampf-Zahnrad-Triebwagen war geboren

Vor der Betriebseröffnung am 4. Juni 1889 dienten die schon vorhandenen Dampf-Zahnrad-Triebwagen dem Bahnbau. Dazu wurden auf die Untergestelle Güterplattformen aufgesetzt. Der Bau des Bahnkörpers erfolgte kontinuierlich von unten nach oben. Nach der Elektrifikation der Pilatusbahn im Jahre 1937, diente der noch vorhandene Dampf-Zahnrad-Triebwagen Nr. 9, mit einer Arbeitsplattform als Dienstfahrzeug für den Fahrleitungsbau (im Winter Dezember bis Mai, war der Bahnbetrieb eingestellt). Die Bezeichnung eines derartigen Bahndienst-Triebwagens lautete Xhd ½. Bis 1907 liefen die Dampf-Zahnrad-Triebwagen übrigens unter der Bezeichnung H ½.

Ersatz für die Dampf-Zahnrad-Triebwagen

Am 15. Mai 1937 kam das Ende für die Dampf-Zahnrad-Triebwagen. In einer neuen Transformatoren-Gleichrichter-Anlage mit einer Primärspannung von 50'000 Volt wird die notwendige Fahrdraht-Gleichspannung von 1'550 Volt erzeugt und diese speist jetzt die neuen Triebwagen.

Acht damals als Beh ½ bezeichnete elektrische Triebwagen gewöhnten der Pilatusbahn das Rauchen ab.

1954 folgt der Ohe ½ Nr. 31, ein elektrischer Güter-Triebwagen, zu dem 1962 ein aufsetzbarer Personenwagenkasten mit der Betriebsbezeichnung Ahe ½ Nr. 29 beschafft wurde. Damit wurde die Verwendungsmöglichkeit des Elektrischen Triebwagen Ohe ½ Nr. 31 erheblich erweitert.

Im Jahr 1968 lieferte die Unternehmergemeinschaft SLM / MFO / Gangloff den Bhe ½ Nr. 30, als letzten elektrischen Personen-Triebwagen an die Pilatusbahn-Gesellschaft.

Als Ersatz für den letzten, 1982 aus dem Betrieb genommenen Dampf-Zahnrad-Triebwagen Xhd ½ Nr. 9, lieferte die Unternehmergemeinschaft SLM / BBC / Stadler einen fahrdrahtunabhängigen, dieselelektrischen Güter- und Dienst-Triebwagen, den Xhm ½ Nr. 32 an die Pilatusbahn-Gesellschaft.

Das Schicksal der Dampf-Zahnrad-Triebwagen

Heute existieren noch die beiden Dampf-Zahnrad-Triebwagen Nr. 9 und Nr. 10 die restlichen neun Dampf-Zahnrad-Triebwagen wurden leider Ende der Saison 1936 ausrangiert und verschrottet.

Am 16. März 1976 wurde in Alpnachstad der Dampf-Zahnrad-Triebwagen Nr. 10 auf einen Rollschemel der Brünigbahn gesetzt und per Bahntransport, SBB und DB, nach München spediert. Im Deutschen Museum legt dieser Dampf-Zahnrad-Triebwagen der Pilatusbahn Zeugnis ab für die Bergbahnpioniere der Schweiz.

Der Dampf-Zahnrad-Triebwagen Nr. 9 weilte hingegen noch bis am 20. April 1982 bei der Pilatusbahn-Gesellschaft.
Dann wurde auch dieser letzte Zeuge der Dampfepoche museumsreif. Heute stellt dieser ein viel beachtetes Schmuckstück in der Halle Schienenverkehr des Verkehrshauses der Schweiz dar.

100. Geburtstag der Pilatus-Zahnradbahn 1989
Zum 100. Geburtstag der Pilatus-Zahnradbahn organisierte die Pilatusbahn-Gesellschaft am 3. und 4. Juni 1989 ein grosses Fest für die Einwohner von Alpnachstad.

Am 24. Juni 1989 fand im Casino Luzern ein gediegener Festakt mit vielen illustren Gästen aus Wirtschaft und Politik statt.

Zum krönenden Abschluss der Festivitäten offerierte die Pilatusbahn-Gesellschaft der Bevölkerung von Luzern und Umgebung ein grandioses Feuerwerk in der Seebucht von Luzern.

Fliehkraftregler und Bremszahnräder

Das zweiachsige Fahrgestell dieses Dampf-Zahnrad-Triebwagens ruht auf vier Laufrädern und weist innerhalb des Fahrgestellrahmens einen Metall-Behälter für den Wasservorrat von ca. 800 Liter auf.

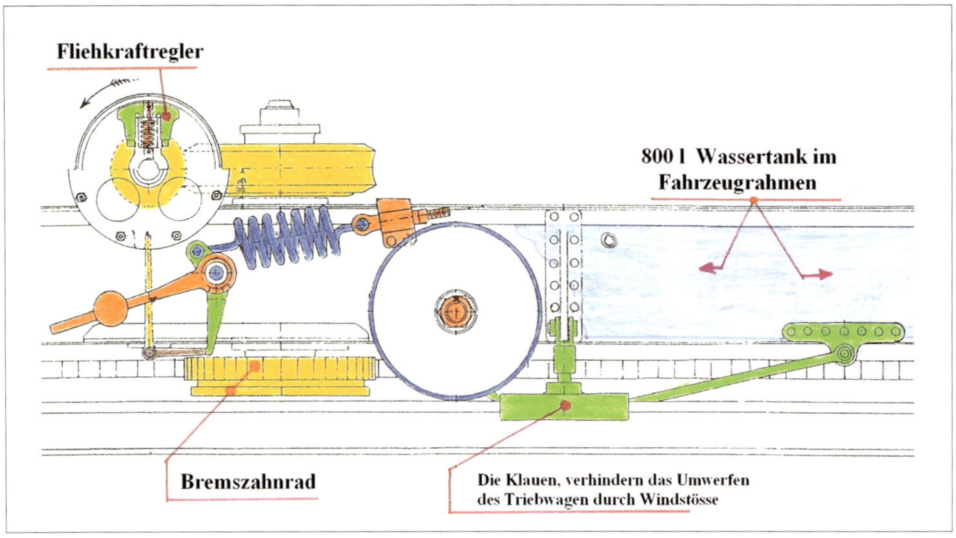

Das talseitige Triebzahnradpaar dient dem Antrieb, der Führung und der Bremsung des Dampf-Zahnrad-Triebwagens.

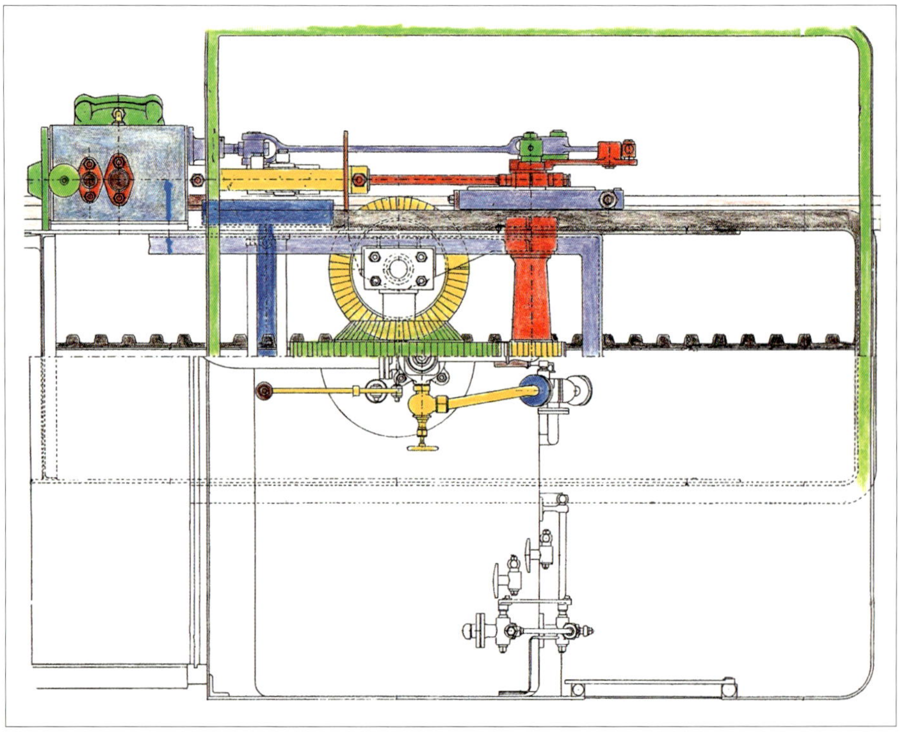

Klinkenbremse und Gegendruckbremse

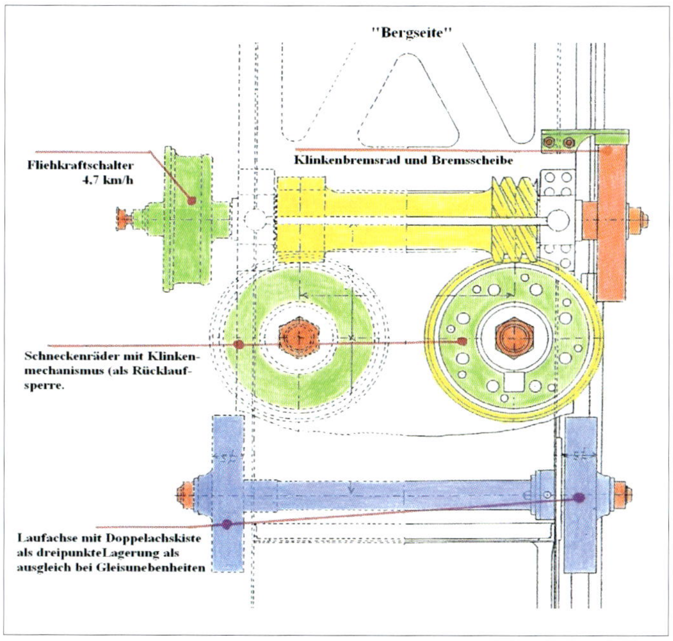

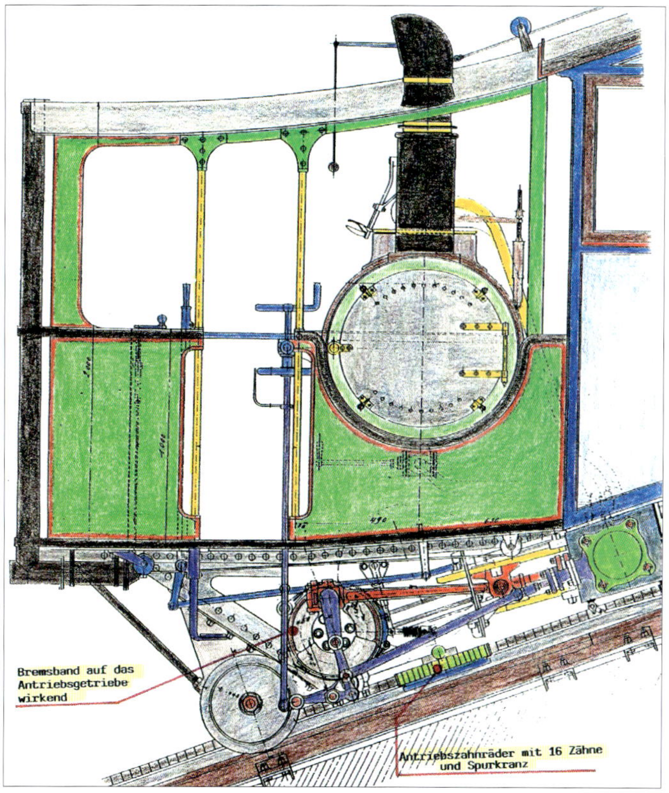

Die beiden Bremszahnräder sind über zwei Schneckenräder mit einer Welle gekuppelt, auf welcher eine Klinkenbremse angeordnet ist.

Neben der Gegendruckbremse des Dampf-Zahnrad-Triebwagens, ist eine Kurbelwelle-Schlingbandbremse vorhanden, welche auf die beiden Antriebszahnräder wirkt.

Zudem kann der Lokomotivführer, der Heizer oder der auf der bergseitigen Plattform postierte Kondukteur die Klinken-Schlingbandbremse der Bremszahnräder der bergseitigen Laufachse betätigen.

Der Heizkessel des Dampf-Zahnrad-Triebwagen

Bhd ½ Nr. 9
Überhitzer-System «Schmidt»
Der Dampf-Zahnrad-Triebwagen Nr. 9, mit der Fabrik Nr. 563 und der Kessel Nr. 1015, welcher am 28. Juni 1889 von der SLM in Winterthur an die Pilatusbahn-Gesellschaft abgeliefert wurde, kostete damals Fr. 28'000.–.

8 Rauchrohre
100,5 mm / 108,0 mm
aus Flusseisen von Mannesmann

4 Überhitzer-Rohrschlangen
23,0 mm / 30,0 mm
aus Flusseisen von Mannesmann

80 Siederohre, gewellt
32,0 mm / 35,0 mm
aus Flusseisen von Lauchhammer

Der äussere Kesselmantel
aus Flusseisen von Krupp

Die Feuerbüchse aussen
aus Kupfer von Heckmann

Die Wasserberührte Heizfläche
Direkt: 2,4 m²
Indirekt: 14,1 m²

Heissdampf-Überhitzerfläche
3,3 m²

Total
19,8 m²

Arbeitsdruck
12,0 Atü

Probedruck
17,0 Atü.

Röhrenheizkessel

Der als Röhrenheizkessel ausgebildete Dampferzeuger ist quer zur Fahrrichtung angeordnet und weist eine seitliche an der Feuerbüchse angebrachte Feuertüre auf.

Im Jahre 1930 wurde ein neuer Dampfkessel mit Überhitzer zur Erzeugung von Heissdampf eingebaut.

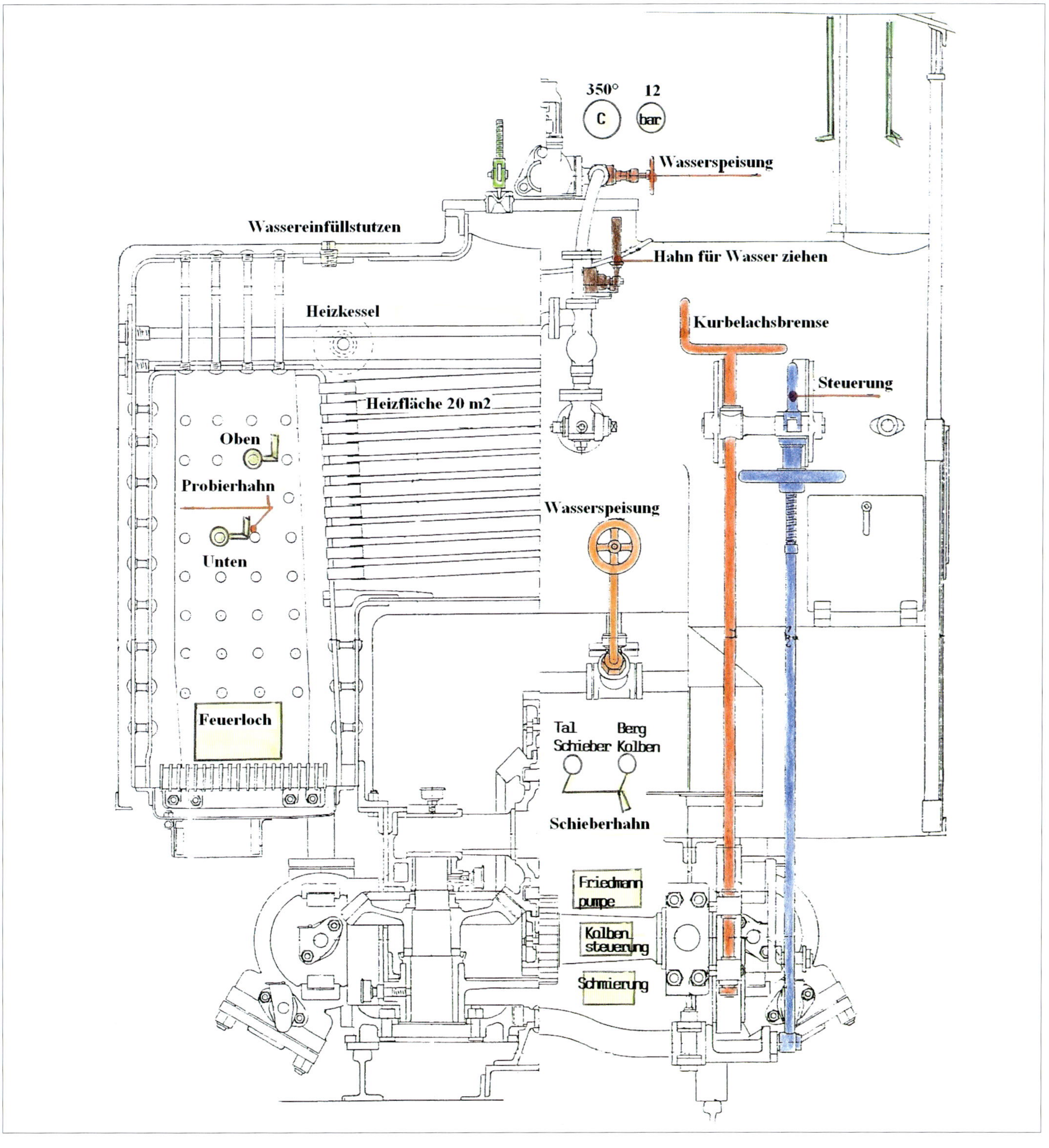

Wagenkasten der Dampf-Zahnrad-Triebwagen

Der hölzerne, von der SIG in Schaffhausen gebaute Wagenkasten, ist wegen der starken Bahnneigung von 48% stufenförmig gegliedert und verfügt über insgesamt 32 Sitzplätze in vier mit Querbänken ausgerüsteten Abteilen.
Der Wagenkasten ist auf jeder Seite mit vier doppelelliptischen Blattfedern auf das Untergestell (Fahrgestell) abgestützt.
Die Abteile sind geschlossen und besitzen Glasfenster mit Vorhängen. Zudem kann das bergseitige Abteil bei Bedarf als Gepäckraum verwendet werden.

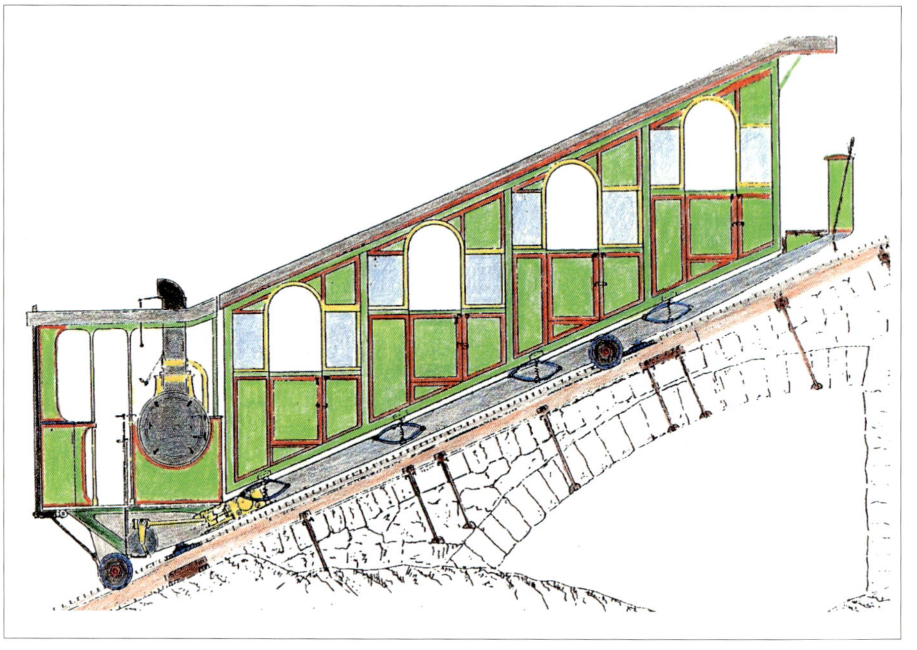

Technische Anpassungen von Bhd ½ Nr. 9

- Winter 1892 / 1893 Ersatz der Gummiklotzfederung zwischen Grundrahmen und Wagenkasten durch Tragfedern zwecks Verbesserung des Fahrkomforts.
- Winter 1889 / 1899 Ersatz der Tragfedern zwischen Grundrahmen und Wagenkasten durch eine Kombination von Blattfedern und Spiralfedern, heute noch vorhanden.
- Winter 1924 / 1925 Einbau von Türen und Fenstern am Wagenkasten, heute noch vorhandene Wagenkasten-Anordnung.
- Winter 1936 / 1937 Beendigung des Dampfbetrieb-Zeitalters. Demontage der Dampf-Zahnrad-Triebwagen Nr. 6 und Nr. 9. Einbau verschiedener Teile des Dampf-Zahnrad-Triebwagens Bhd ½ Nr. 6, Baujahr 1888, in den Dampf-Zahnrad-Triebwagen Xhd ½ Nr. 9, wie
  - Heissdampfkessel mit der Kesselverkleidung und Lokomotivführerdach.
  - Kurbelachse mit Getriebe und Steuerung.

Seit diesem Umbau von 1936/1937 trägt der heutige Dampf-Zahnrad-Triebwagen Bhd ½ Nr. 9
- Das falsche Fabrikschild mit der Fabrik «Nr. 514 und dem Baujahr 1888».
- Das ursprüngliche Fabrikschild war «Nr. 563 und dem Baujahr 1889».

Der Betriebseinsatz des Bhd ½ Nr. 9

1889 bis 1936
Einsatz im normalen Fahrbetrieb für den Personentransport.

1937 bis 1954
Einsatz im Fahrleitungsbau und für den Materialtransport.

1955 bis 1981
Einsatz nur noch für den Fahrleitungsbau und Schneebruch.

Allerletzter Betriebseinsatz, für die Fahrleitungsmontage am 1. Mai 1981 mit den beiden letzten Dampflokomotivführer Bäbi Anton und Mathis Alois.

Die Einsatzleistung des Dampf-Zahnrad-Triebwagens Nr. 9, betrug von 1889 bis 1981, 57'453 km.

März – April 1982
Renovation für die Ablieferung an das Verkehrshaus der Schweiz in Luzern.
724 Renovationsstunden durch die Mitarbeiter der Pilatusbahn.

Bedienung der Dampf-Zahnrad-Triebwagen

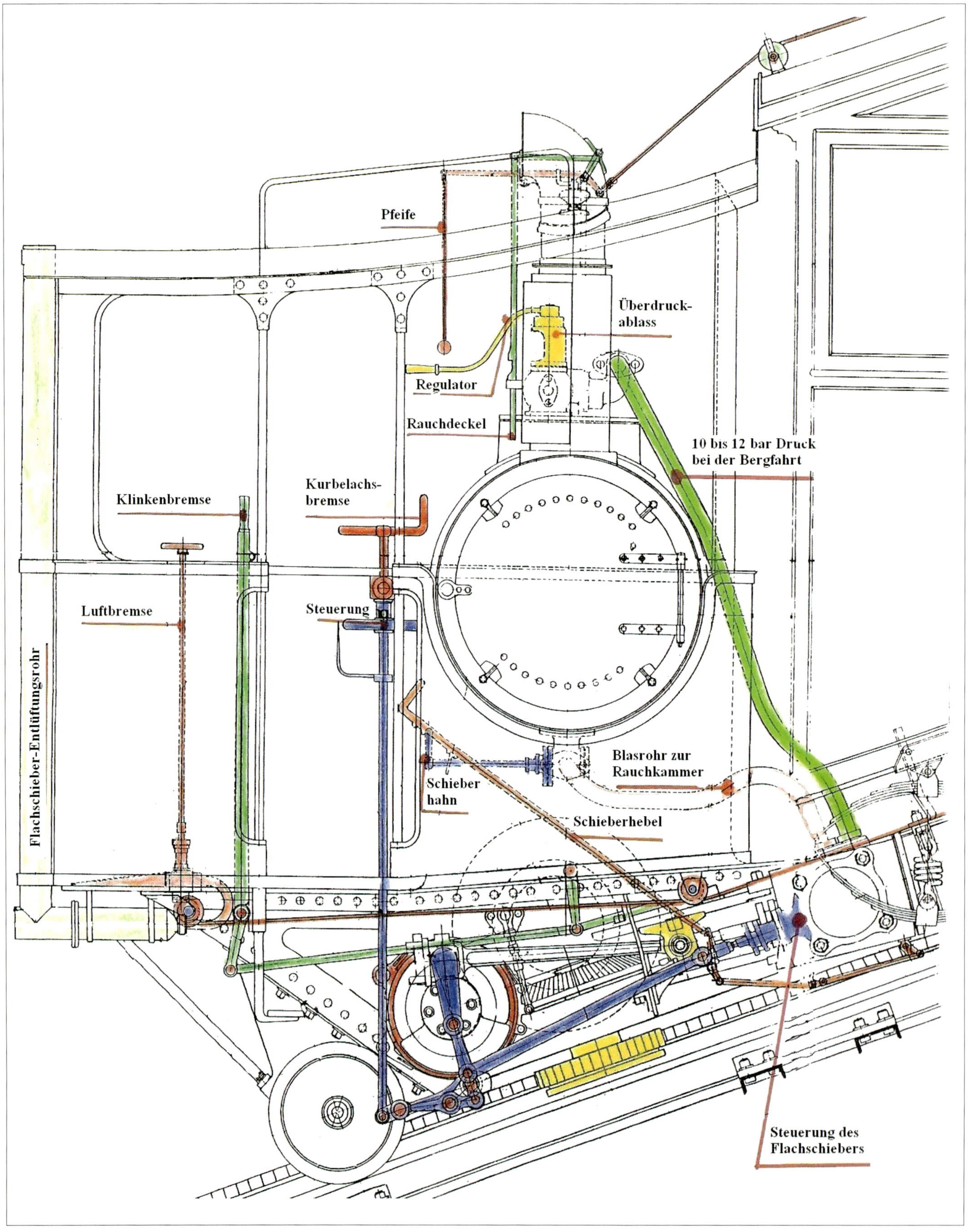

Bergfahrt

Vorbereitung

Der Heizkessel muss mit Wasser gefüllt sein.
Ansonsten ist beim Wassereinfüllstutzen am Heizkessel, Wasser einzufüllen, ca. 700 l.

Das Vorheizen des Heizkessels braucht ca. 1 – 2 Stunden.
Der Heizkessel muss eine Temperatur von 350° C erreichen, und der Dampfdruck muss 12 bar sein.

Die Klinkenbremse muss fest angezogen sein.

Der Schieberhahn muss in die Stellung «Berg-Kolben» gestellt sein.

Die Kurbelachsbremse langsam lösen.

Das Handrad der Steuerung ist auf ca. 20 % hinunter zu drehen.

Der Schieberhebel «Dampfzylinderentlüftung» ist zu schliessen und nach unten zu stossen.

Das Handrad der Steuerung ist auf ca. Handbreite nach unten zu drehen.

Die Dampfmenge zur Arbeitsleistung wird mit dem **Regler** (Regulator) dosiert.

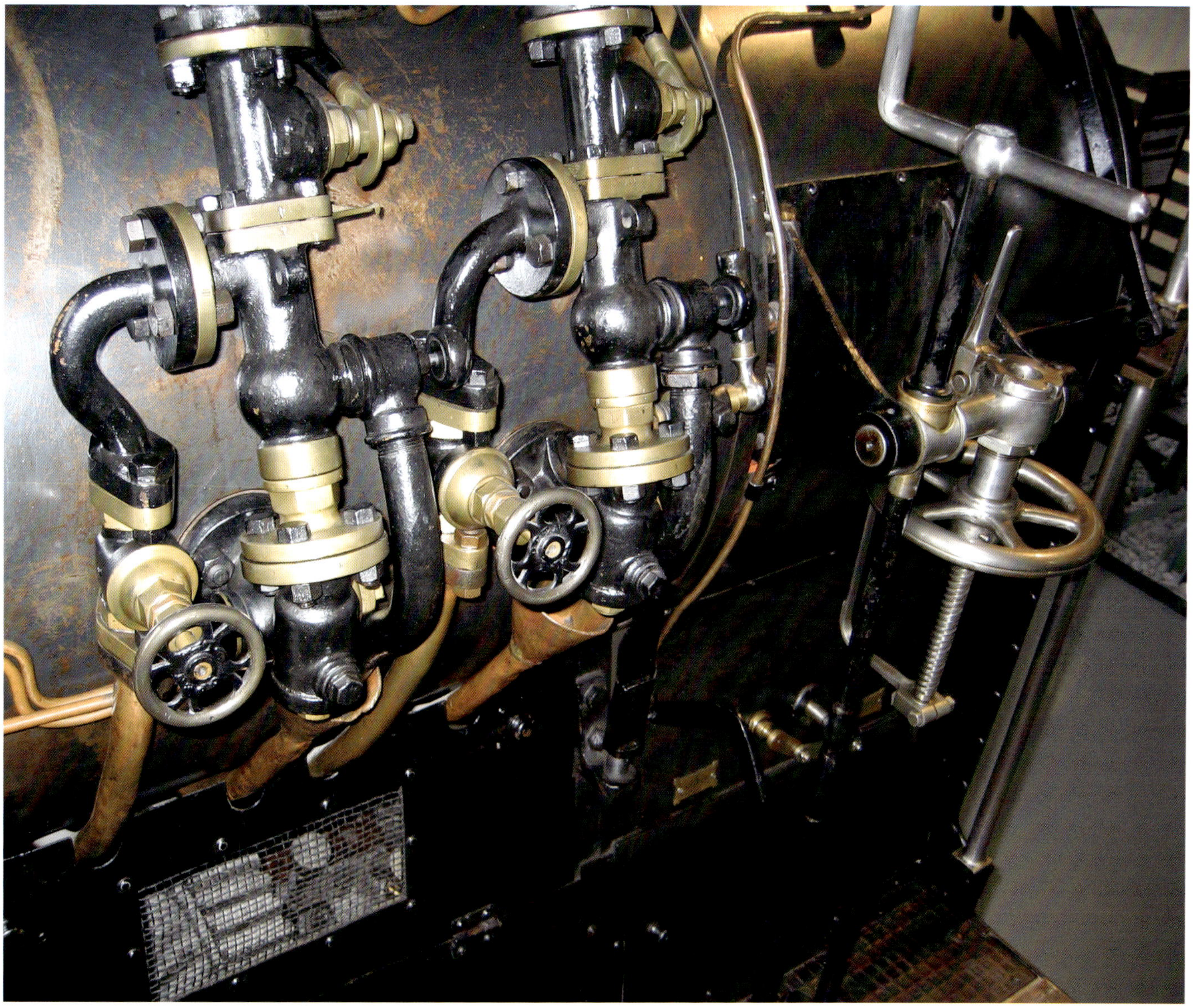

Heizen und Wasser nachziehen

Wenn der Dampfdruck auf 10 bar sinkt, muss nachgefeuert werden

- dabei ist eine Schaufel voll Kohle (einmal links und rechts und in die Mitte) der Feuerbüchse zu geben.
- Das Feuer muss in der Feuerbüchse gleichmässig verteilt sein.
- Die Schlackenbildung in den Rostecken muss verhindert werden, da das Gasen eine Oxidation des Rosts und Wasserbehälters verursachen.

Wenn der Wasserstand tiefer liegt, als der Wasserstandanzeiger verlangt

- ist Wasser aus dem Wassertank im Fahrzeugrahmen in den Heinzkessel zu ziehen.
  Das kann vom Heizer oder vom Lokomotivführer parallel mit dem Hahn für «Wasser nachziehen» getätigt werden, (je nach Steigungsprozenten).

Auf der Bergfahrt ist bei den Tunneldurchfahrten der Rauchdeckel zu schliessen.

Anhalten

- Der Regulatorhebel ist zu **schliessen.**
- Das Steuerungshandrad ist **ganz nach oben zu drehen.**
- Die Kurbelachsbremse ist **anzuziehen** (Bremsen).
- Der Schieberhebel (Dampfzylinderentlüftung) ist zu öffnen, **nach oben zu ziehen.**

Talfahrt

Gegendruckbremsen

- Den Rauchdeckel **schliessen.**
- Der Schieberhahn muss in die Stellung **«Tal-Schieber»** gestellt sein.
- Das Steuerungshandrad ist ganz **nach oben** zu drehen.
- Die Kurbelachsbremse ist zu **lösen.**
- Die Klinkenbremse ist zu **lösen.**
- Das Steuerungshandrad ist auf **ca. 20%** hinunter zu drehen.
- Die Talfahrtgeschwindigkeit von **ca. 4,5 km/h** ist abzuschätzen!
- durch Zählen «1 – 2 – 3» (zwischen zwei Eisenschwellen-Distanzen à 3 Meter).

Zur Kühlung der Dampfzylinder-Flachschieber, sind die beiden Schieberkühlhähne leicht aufzudrehen.
Die Flachschieber dürfen die Temperatur von **350°C** nicht überschreiten.

Aus dem Flachschieber-Entlüftungsrohr muss während der Talfahrt immer eine kleine Dampfwolke austreten!

Anhalten bei der Talfahrt durch gefühlvolles anziehen der Klinkenbremse.

Im bergseitigen Beifahrerstand, befindet sich das Kühlwasser zur Kühlung der Klinkenbremsscheibe.

Dampf-Zahnrad-Triebwagen Bhd ½ Nr. 1–11

Baujahr Erbauer Achsfolge Lok. Nr.	Tot. Lang Tot. Rast.	KESSEL: Heizfläche	L.Gew. D.Gew. N.Last Z.Last	Typenskizze	Bemerkungen
1886/87 SLM/SIG Bhd ½ **Nr. 1 - 3**	9,7 m 4,85 m	19,3 m²	7,5 t 10,5 t 2,5 t 13,0 t	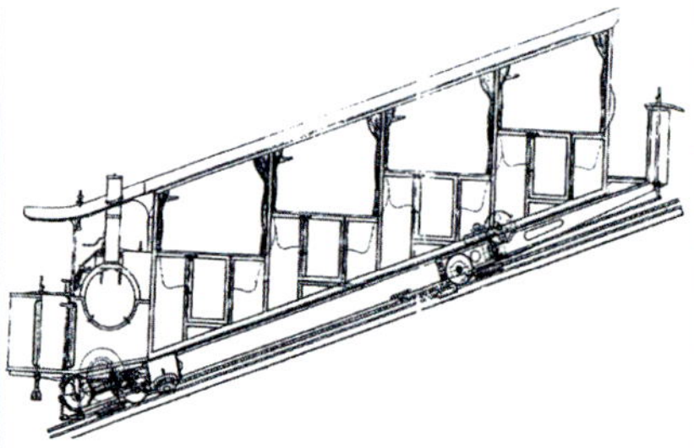	Offene Abteile Umgebaut: 1910 Ausrangiert: 1937
1888 SLM/SIG Bhd ½ **Nr. 4 - 6**	10,3 m 6,1 m	21,0 m²	8,2 t 9,3 t 2,5 t 11,8 t	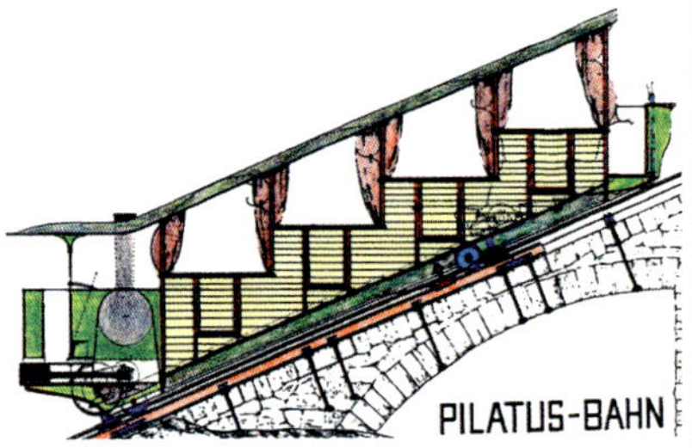	Offene Abteile Umgebaut, Federung Wagenkasten: 1910 Ausrangiert: 1937
1899/1900 SLM/SIG Bhd ½ **Nr. 7 -10** 1909 SLM/SIG Bhd ½ **Nr. 11**	10,3 m 6,1 m 10,85 m 6,1 m	19,8 m² 16,5 m²	7,6 t 9,9 t 2,5 t 12,4 t 7,8 t 10,8 t 2,5 t 13,3 t		Geschlossene Abteile Ausrangiert: Nr. 7/8:1937 9/10: nach 1970 Geschlossene Abteile Ausrangiert: 1937

Die Elektrischen Triebwagen

Das Projekt der elektrischen Triebwagen

Auf einer Strecke, die bereits die Steigung von 48% und den Minimalkurvenradius von 80 Meter enthielt, fanden schon am 5. Oktober 1886 eingehende Probefahrten statt, welche in jeder Hinsicht befriedigten.
Die erste amtliche Abnahme erfolgte in Anwesenheit des damaligen Vorstehers des Eidg. Eisenbahn-Departements, Bundesrat Welti. Von ihrer Eröffnung am 4. Juni 1889 bis Ende der Saison 1936 dienten der Pilatusbahn Dampf-Zahnrad-Triebwagen als Betriebsmittel.

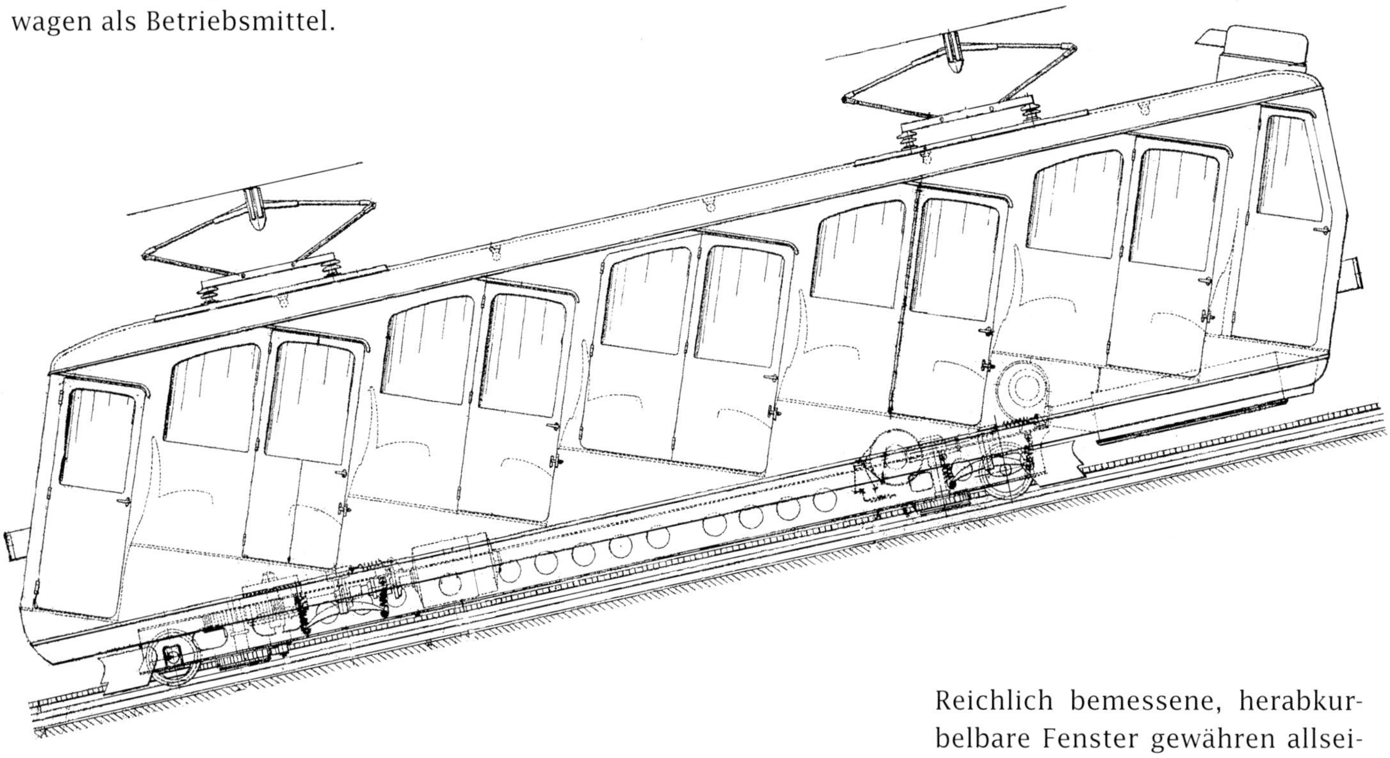

Am talseitigen Ende der Triebwagen war die Dampfmaschinenanlage mit dem querliegenden Heizkessel sowie dem Führerstand angeordnet. Diese Dampf-Zahnrad-Triebwagen benötigten für die 4'618 Meter lange Bergstrecke eine Fahrzeit von 70 bis 80 Minuten.

Seit der Betriebssaison 1937 ist die Pilatusbahn elektrifiziert. Der neue Rollmaterialpark umfasst zehn elektrische Zahnradtriebwagen. Als Generalunternehmer wirkte die Schweizerische Lokomotiv- und Maschinenfabrik, SLM. Die elektrische Ausrüstung wurde durch die Maschinenfabrik Oerlikon, MFO, realisiert.

Beim Entwurf der Triebwagen wurde darauf geachtet, dass der ganze Wagenkastenraum ohne Einschränkungen nur für die Aufnahme der Nutzlast und die Führerstände zur Verfügung steht.

Die Wagenkästen enthalten keinerlei Elemente des mechanischen Triebwagenteils.

Die fünf Abteile zu acht Sitzplätzen sind durch als gepolsterte Rücklehnen ausgebildete Wände voneinander getrennt, die nur bis auf Fensterhöhe reichen. Mit dieser Art Trennung der Abteile erhält das Wageninnere den Charakter eines einzigen Raumes mit freiem Überblick über seine ganze Länge. Gepolsterte Kissen, welche gewendet und beidseitig gebraucht werden können, dienen als Sitze. Die Polster sowie die untere Hälfte der Seitenwände sind mit rotem Kunstleder überzogen.

Die oberen Wandteile sind hellgelb und die Decke elfenbeinfarbig lackiert. Breite, an der von unten gesehenen rechten Kastenwand angebrachte Türen, gestatten den Zutritt zu den Abteilen.

Reichlich bemessene, herabkurbelbare Fenster gewähren allseitig freien Ausblick.

In jedem Abteil sind an der Decke leichte Gepäckträger vorhanden.

Die beiden an den Triebwagenenden befindlichen Führerstände enthalten alle zur Bedienung und Kontrolle notwendigen Apparate und Instrumente und sind mit Rücksicht auf die Einmann-Bedienung mit Sicherheits-Totmann-Pedalen ausgerüstet. Reichlich bemessene Stirnwandfenster gewähren den Überblick auf die Strecke.

Beim Bau des Wagenkastens musste, was bei Bergbahnen besonders wichtig ist, auf möglichste Gewichtsverminderung geachtet werden. Dies führte zu einer besonders leichten Stahlkonstruktion als selbst tragende Kastenschale. Belastungsproben mit der doppelten Nutzlast haben keine nennenswerte Durchbiegung der Kastenschale gezeigt. Der Wagenkasten stützt sich in vier Punkten, über Blatt- und Schraubenfedern pendelnd, auf das Fahrgestell ab. Diese Federn übernehmen die senkrecht auf die Schienen gerichtete Gewichtskomponente, während vier weitere in der Längsrichtung angeordnete Schraubenfedern zur Aufnahme der Längskomponente des Wagengewichtes dienen. Die gewählte Kastenaufhängung gestattet ein Pendeln in der Längs- sowie auch in der Querrichtung. Damit werden vom Oberbau herrührende Stösse zwischen Untergestell und Wagenkasten stark abgedämpft.

Der Rahmen des Fahrgestells ruht in zwei Punkten federnd auf der unteren und in einem Punkt gelenkartig auf der oberen Tragachse. Mit dieser Drei-Punkte-Abstützung des Rahmens wird den Unebenheiten des Gleises Rechnung getragen und es werden Verwindungen und Verzerrungen in den Konstruktionsteilen vermieden.
Die beiden Längsrahmenbleche aus Baustahl sind durch Quer- und Diagonalversteifungen aus Leichtstahlprofilen gut miteinander verbunden.

Alle Verbindungen sind mit elektrischer Schweissung ausgeführt und das Ganze bildet einen soliden geschlossenen Rahmen.

Oberhalb der unteren Tragachse sind die beiden horizontal liegenden Triebzahnräder mit dem zugehörigen Getriebe und den längs angeordneten Motoren eingebaut.

Jeder der beiden Zwillingsmotoren treibt mittels je einer Verbindungswelle über ein Kegelrad- und ein Stirnradgetriebe das zugehörige Triebzahnrad an, welches mit der Zahnstange in Eingriff steht. Die Gesamtübersetzung des Antriebes beträgt 1:17,8.

Die Übersetzungsgetriebe für die beiden Motoren sind in einem gemeinsamen geschlossenen Gehäuse untergebracht. Auf Grund der hohen Drehzahl sind für die Lagerung der Wellen Rollenlager zur Anwendung gekommen. Zur Schmierung der verschiedenen Lagerstellen dient eine Ölumlaufpumpe. Die vertikalen Vorgelegewellen der beiden Antriebe sind nach oben verlängert und tragen ausserhalb des Gehäuses die aufgesetzten Bremsscheiben. Zwischen Motor und Getriebe verhindern Rutschkupplungen unzulässig hohe Drehmomentspitzen. Sämtliche Getriebeteile wurden aus hochwertigem Material hergestellt.

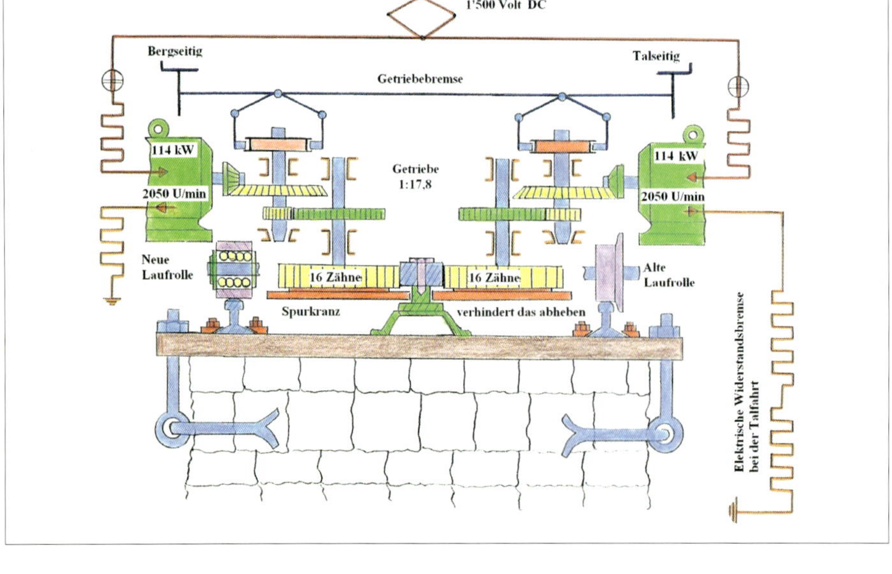

Unterhalb der oberen Tragachse greift ein Bremszahnradpaar in die Zahnstange ein. Diese Bremszahnräder treiben je über ein Schneckengetriebe eine gemeinsame horizontale Welle an, an deren Ende eine Bremsscheibe aufgekeilt ist. Die Zahnkränze der Schneckenräder werden bei der Talfahrt durch einen Klinkenmechanismus (Rücklaufsperre) eingerückt. Bei der Bergfahrt verhindert der Klinkenmechanismus ein Mitdrehen der Schneckenwelle. Auch dieser Antrieb ist in einem geschlossenen Gehäuse eingebaut und läuft in einem Ölbad.

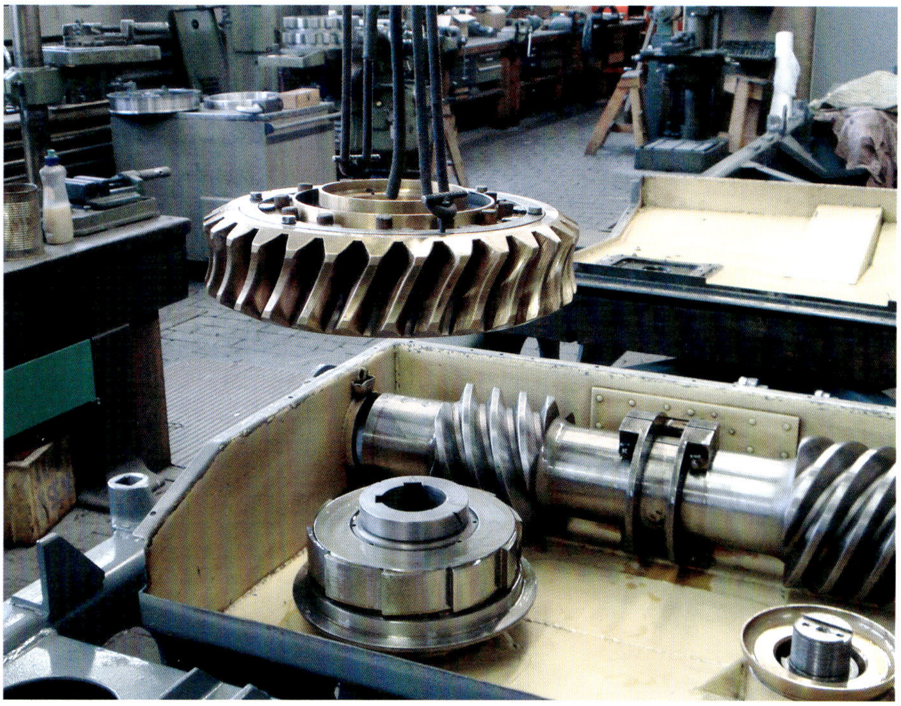

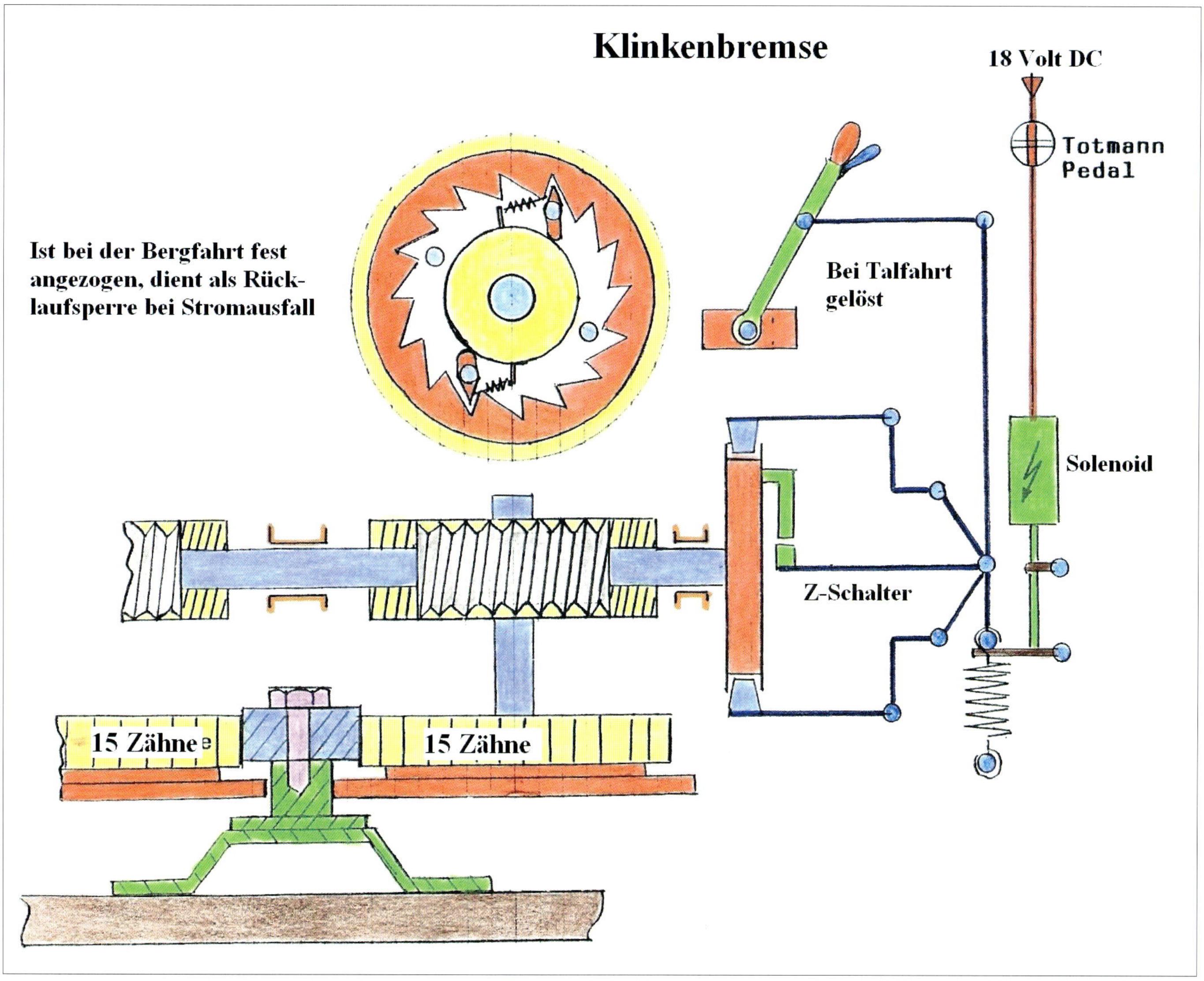

Die elektrischen Triebwagen sind mit folgenden Bremsen ausgerüstet

- Die elektrische Widerstandsbremse, als Betriebsbremse für die Talfahrt;
- eine Spindelbremse als Bandklotzbremse, auf die beiden talseitigen Triebzahnräder wirkend;
- eine Hebelbremse als Bandklotzbremse, auf die beiden bergseitigen Bremszahnräder wirkend;
- eine automatische Klinkenbremse, auf die Hebelbremse (Klinken-, Bandklotzbremse) wirkend.

Diese automatische Klinkenbremse tritt nur dann bei der Talfahrt in Funktion und zwar wenn:

a) die maximale zulässige Geschwindigkeit von 9 km/h überschritten wird.

b) der Bremsstrom aus irgendeinem Grunde ausfällt.

c) der Wagenführer das Totmannpedal loslässt.

Die Spindelbremse kann von beiden Führerständen aus bedient werden.

Die Hebelbremse dagegen ist nur im talseitigen Führerstand vorhanden. Diese bleibt bei der Bergfahrt stets fest angezogen, wobei der Klinkenmechanismus beim Anhalten und bei Stromunterbruch eine rückläufige Bewegung des Triebwagens verhindert.

Bei der Konstruktion des Bremsgestänges wurden Vorkehrungen so getroffen, dass zwischen Wagenkasten und Fahrgestell keine gegenseitigen Kräfte auftreten können und die relativen Bewegungen des Wagenkastens gegenüber dem Fahrgestell das Gestänge in keiner Weise beeinflussen können.

Ein registrierender Geschwindigkeitsmesser ist im talseitigen Führerstand angebracht; eine analoge Einrichtung kann ohne weiteres auch im oberen Führerstand eingebaut werden.

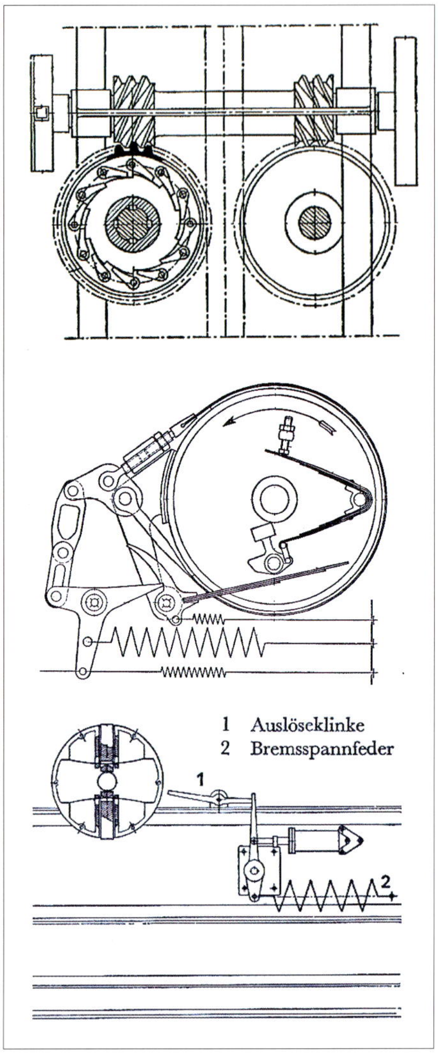

Klinkenbremse und Übergeschwindigkeitsauslösung

Die Auslösung der automatischen Klinkenbremse beim Überschreiten der maximalen Geschwindigkeit von 9,2 km/h talwärts erfolgt durch einen in die Bremsscheibe der bergseitigen Bremse eingebauten Fliehkraftregler. Ein zweiter in diese Scheibe eingebauter Regler setzt die automatische Bremse in den Fällen b) und c) in Funktion.

Die Konstruktion wirkt so, dass der Solenoid (normalerweise stromdurchflossene Spule) stromlos wird und einen gefederten Anschlaghebel für den Regler freigibt.

Der mechanische und wagenbauliche Teil des Triebwagens wiegt kaum mehr als 7,0 Tonnen.

Die elektrische Ausrüstung der Triebwagen

Die Eigenart des Betriebes der Pilatusbahn kennzeichnet auch die elektrische Ausrüstung, welche vorwiegend aus bewährten Elementen aufgebaut, jedoch vollständig neu konzipiert ist. Durch effiziente Ausnützung der Baustoffe war es möglich, die gesamte elektrische Ausrüstung bei 1'500 Volt Gleichspannung auf 155 kW Nennleistung bei 2,56 t Gesamtgewicht zu begrenzen.

Als wichtigste konstruktive Rahmenbedingungen wurden grösstmögliche Sicherheiten für die Berg- und Talfahrt sowie Einfachheit und Übersichtlichkeit der Einrichtungen angestrebt.

Diese Bedingungen sind mit direkter Stufen-Kontrollersteuerung der Triebmotoren optimal erfüllbar.

Statt der ursprünglich nicht realisierbaren Stromrückgewinnungsbremsung (Rekuperation) kam die Widerstandsbremsung zur Anwendung. Die Bremsenergie bei der Talfahrt wird in Wärme umgewandelt.

Eine Umrüstung der Fahrzeuge auf Rekuperations-Bremsung wäre auch heute aus betriebswirtschaftlichen Gründen nicht sinnvoll. Bei einer Neubeschaffung von Fahrzeugen käme selbstverständlich die Rekuperationstechnik zur Anwendung.

Die beiden Triebmotoren bilden elektrisch und mechanisch eine untrennbare Einheit.

Ihr gemeinsames Gehäuse ist sowohl magnetischer Pfad und mechanischer Tragkörper beider Motoren und dient zugleich als Querversteifung des Untergestells. Alle Motorenwicklungen bleiben dauernd gleich in Reihe geschaltet, sowohl für die Berg- wie Talfahrt. Lediglich für das horizontale Teilstück der Depotzufahrt ist eine motorische Talwärtsstellung «Depotfahrt» mit umgepolten Ankerwicklungen vorhanden.

Gleichstrom-Zwillings-Bahnmotor MFO EZ - 28

Dauerlast
1'350 Volt DC
96 Ampère
114 KW
2'050 U/min

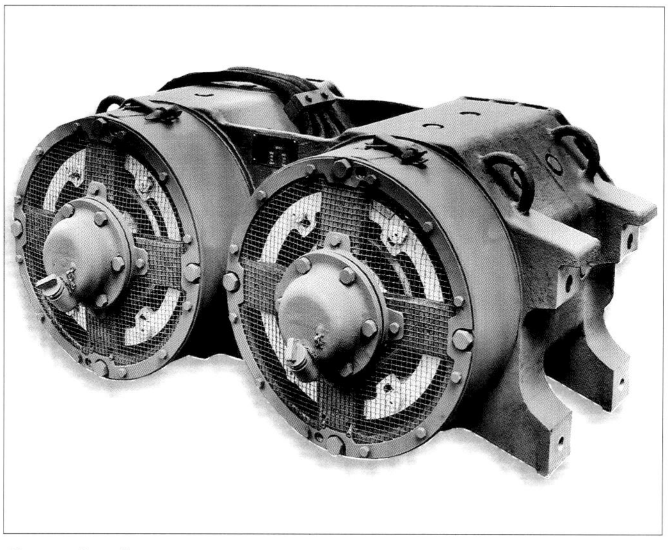

Stundenlast
1'350 Volt DC
128 Ampère
155 KW
1'850 U/min

- Die Erregerwicklungen sind in Serie zum Anker (Haupt- oder Serie/Reihenschlussmotor) geschaltet.
- Zum sanften Anfahren ist ein entsprechender Anfahrwiderstand erforderlich.
- Geht bei einem Serienmotor die Belastung z.B. auf die Hälfte zurück, (kleinere Steigung 19%), so wird auch die Erregerspannung proportional kleiner, wodurch die Drehzahl und damit die Fahrgeschwindigkeit entsprechend ansteigt.
- Das Umgekehrte ergibt sich bei einer Belastungs- bzw. Stromzunahme (größere Steigung 48%).
- Die Motordrehzahl/Fahrgeschwindigkeit verhält sich proportional zur Belastung.
- Bei einem unbelasteten Serienmotor würde die Drehzahl unkontrollierbar ansteigen (Durchbrennen).
- Zur Umkehr der Drehrichtung ist entweder Anker/Rotorstrom oder die Erregerwicklung umzupolen.
- Bei der Pilatusbahn arbeiten die Serienmotoren bei der Talfahrt generatorisch und erzeugen so den Bremsstrom. Bei der Talfahrt wird keine Netzspannung benötigt, weshalb die Pantographen gesenkt werden können.
- Gleichstrommotoren sind durch Sicherungen oder max. Stromschalter gegen Überströme zu sichern.

Die elektrische Ausrüstung enthält konstruktive Lösungen von allgemeinen Interessen.
Die Triebmotorengruppe, bestehend aus zwei in Reihe geschalteten vierpoligen Einzelmotoren, weist das günstige Verhältnisgewicht von nur 5,3 kg/PS auf. Dieses tiefe Verhältnisgewicht ist deshalb erwähnenswert, weil

das Gehäuse der Zwillingsmotoren-Einheit gleichzeitig eine Querträgerfunktion im Fahrzeug-Untergestell erfüllt. Die Rotorwellen drehen in Rollenlagern mit Ölschmierung. Dank einwandfreien Wellendichtungen ist kein nennenswerter Ölverlust zu beobachten.

Sämtliche Wicklungen sind mit Mikanitpräparaten isoliert und zu widerstandsfähigen Körpern gepresst.

Der Lüfter auf jedem Rotor saugt die Luft durch den stirnseitigen Lufteintritt auf der Kollektorseite in alle Hohlräume und schleudert sie auf der Seite der Antriebswelle wieder radial aus.
Die Bürstenbrücke ist drehbar und trägt vier Leichtmetall-Bürstenstifte mit je einer Kohle.
Der magnetische Eisenkreis der beiden Motoren ist so verkettet, dass die Zwischenwand nur den Wendepolfluss führt und entsprechend dünn dimensioniert ist.
Die Motoren sind strengen Prüfungen unterzogen worden, wie höchste Drehzahl, Volllastversuche, Schleuderprobe, etc.

Sämtliche Garantiewerte wurden eingehalten und die Sonderversuche bestätigten die Güte des Motors.

Zwei Pantograph-Stromabnehmer sind mittels Seilzug einzeln absenkbar und von der Sammelleitung auf dem Wagendach mittels Schrauben abtrennbar.

Über eine Drosselspule mit ohmschem Nebenschlusskreis (Überspannungsableiter) führt die Leitung durch den über dem bergseitigen Führerstand eingebauten Höchststromschalter (Hauptschalter) zur motorischen Installation.

Die Führerstände sind den verschiedenen Fahrweisen angepasst.
Die beiden Kurvenscheibenkontroller im bergseitigen und talseitigen Führerstand sind gleich gebaut, d.h. für die Fahrt in beide Richtungen, sowie die elektrische Bremsung talwärts.

Der Anfahr- und Bremswiderstand ist in einem prismatischen Kasten unter dem Wagenboden eingebaut.
Dieser wird mittels einer motorischen Fremdventilation gekühlt. Die entsprechende Ventilationsgruppe bestehend aus einem kleinen Serienmotor, welcher an die letzte Stufe des Anfahr- und Bremswiderstandes angeschlossen ist und beidseitig eine kleine Luftturbine treibt. Dank des besonderen Anschlusses des Ventilatormotors passen sich dessen Drehzahl und damit die Kühlluftmenge der Belastung des Widerstandes an. Ein alkalischer Akkumulator mit einer Kapazität von 65 Ah und 18 Volt Nennspannung speist die Beleuchtungs-, Alarm- und Sicherheitseinrichtungen. Seine Ladung erfolgt nach Bedarf bei Talfahrt durch eine regelbare Abzweigung des Bremsstromes am Bremswiderstand.

Der eingangs erwähnte Haltesolenoid der Sicherheitsbremse ist bei normaler Talfahrt erregt und hält die automatische Bremse gelöst. Sobald jedoch die Erregung (Stromfluss) dieses Solenoides ausbleibt, tritt die automatische Bremsvorrichtung schon beim Überschreiten einer Geschwindigkeit um etwa 2 km/h in Aktion. Die Erregung des Solenoides bleibt auch dann aus, wenn die Wenderschalterwalze des Kontrollers nicht auf Stellung «Talfahrt» gebracht wird, die Widerstandsbremsung aussetzt, oder im talseitigen Führerstand das Totmannpedal losgelassen wird.
In jedem Führerstand befindet sich ein Totmannpedal, dessen Loslassen den Triebwagen zum Stillstand bringt.
Wird das Totmannpedal im bergseitigen Führerstand losgelassen, wird ein akustischer Alarm ausgelöst und nach einigen Sekunden wird der Hauptschalter auf dem Wagendach automatisch geöffnet.
Das im talseitigen Führerstand befindliche Totmannpedal wirkt wie das vorerwähnte, zudem unterbricht es die Erregung des Haltesolenoides der automatischen Bremse.

Vier von den acht Triebwagen werden mittels stufenweise regulierbaren Heizkörpern ab dem 1'500-Volt-Fahrleitungsnetz beheizt. Im berg- resp. talseitigen Führerstand sind Messinstrumente für Netzspannung und Fahrstrom resp. Bremsstrom, Ventilatorspannung und Akku-Ladespannung eingebaut.

Eine Kuriosität – Triebwagen Bhe ½ Nr. 26, im blauen Anstrich mit der Triebwagen-Nummer 29!

Die Fahrleitung, d.h. deren Kupferquerschnitt ist so reichlich bemessen, dass die Soll-Fahrzeit von 35 Minuten bergwärts mit acht hintereinander fahrenden vollbesetzten Triebwagen ohne zu grossen Spannungsabfall eingehalten werden kann.
Die Fahrdrahtspannung am oberen Ende der Bahnstrecke (Pilatus-Kulm) beträgt dann immer noch 1'300 Volt.

Bei einem allein fahrenden, voll besetzten Triebwagen beträgt die Fahrzeit bergwärts nur 28 Minuten, da praktisch auf der ganzen Strecke die volle Fahrdrahtspannung von 1'500 Volt zur Verfügung steht.
Talwärts ist die Fahrzeit durch die zulässigen und neigungsabhängigen Höchstgeschwindigkeiten gegeben und beträgt mindestens 40 Minuten.

Die vor Eröffnung des elektrischen Betriebes durchgeführten Fahrproben vermochten voll zu befriedigen.
Alle Anlagenkomponenten erfüllten in jeder Beziehung die gestellten Erwartungen.

Die Betriebseröffnung mit elektrischem Betrieb erfolgte zu Pfingsten, am 16. Mai 1937.

Alte Quecksilber-Dampf-Gleichrichteranlage, 1937.
Ersatz durch moderne Si-Dioden-Anlage, 1986.

Alte Trafostation, 50 KV, 1937.
Ersatz durch kompakte Neuanlage, 16 KV, 1986.

Der Fahrbetrieb der Triebwagen gestaltet sich aussergewöhnlich einfach.

Vor der Bergfahrt wird die Hebelbremse angezogen, der Wendeschaltergriff wird auf Bergfahrt gestellt und die 18 Kontrollerstufen in etwa 8 sec durchgeschaltet. Der Triebwagen kann, je nach Steigung und Belastung mit Geschwindigkeiten zwischen 8 km/h und 12,5 km/h bergwärts fahren.

Zum Anhalten hat der Wagenführer nur das Kontrollerhandrad auf Stufe 4 zu bringen und gleichzeitig die Spindelbremse anzuziehen.

Auch die Talfahrt ist einfach zu bewerkstelligen. Der Wendeschaltergriff wird auf Talfahrt und das Kontrollerhandrad auf Stufe 12 gestellt. Mit dem Lösen der mechanischen Betriebsbremsen setzt sich der Triebwagen sanft in Bewegung und die elektrische Bremsung beginnt sofort in Abhängigkeit der Geschwindigkeit, d.h. bei etwa 0,4 km/h zu wirken. Die Fahrgeschwindigkeit beim elektrischen Bremsen wird zwischen den Kontrollerstufen 12 und 2 reguliert.

Die amtlich zugelassenen Höchstgeschwindigkeiten bei Talfahrt betrugen (bei der Inbetriebnahme der Elektro-Triebwagen um 1937); 6 km/h auf dem grössten 48%, und 9 km/h, auf dem kleinsten 19% Gefälle.

Die talwärts gerichteten Kraft- und Beschleunigungswerte sind infolge der ausserordentlich grossen Neigung der Pilatusbahn, wie eingangs erwähnt, sehr beträchtlich.

Das Gewicht der rotierenden Masse beträgt rund 0,7 t also 7,3% des leeren Triebwagens.

Aus dem Stillstand erreicht der Triebwagen talwärts schon in 2 Sekunden 9,2 km/h Geschwindigkeit, bei der die Sicherheitsbremse einsetzt.

Zur Fahrt des 12,6 t schweren Triebwagens sind bei 48% Neigung bergwärts, 5'700 kg Zugkraft, resp. 5'200 kg Bremskraft an den Triebzahnrädern notwendig.

Der Triebmotorenstromkreis

Die elektrische Ausrüstung umfasst den Triebmotorenstromkreis, die Beleuchtung, die Heizung und einige weitere Nebenstromzweige. Zwei Stromabnehmer, mit Anpressung an den Fahrdraht durch Federdruck, entnehmen der 1'500 Volt Gleichstrom-Fahrleitung die Energie während der Bergfahrt. Der Strom fliesst von beiden Stromabnehmern über einen Überspannungsableiter zum Maximalstromschalter durch den Kurvenscheibenkontroller in die zwei Triebmotoren und schliesslich über die Laufschienen, als an der Erde liegender Rückleitung, zum Gleichrichter zurück. Mittels 18 Fahrstufen wird durch fortschreitendes Kurzschliessen der Anfahrwiderstände, die Spannung an den Triebmotoren gesteigert. Eine Ventilatorgruppe zur Kühlung der Widerstände wird vom Triebmotorenstrom erdseitig durchflossen und auf der 18. Fahrstufe so überbrückt, dass die künstliche Kühlung nur wirksam ist, solange Widerstände stromdurchflossen sind.
Bei Talfahrt können die Stromabnehmer mittels Seilzug gesenkt bleiben.

Am bergseitigen Kontroller sind jedoch die Stellungen Talfahrt (Bremsung) und Depotfahrt gesperrt, sodass Tal- und Depotfahrt nur im talseitigen Führerstand möglich sind. Mittels der 18 Stufen der Kontroller werden Anfahrt und Bremsung stossfrei reguliert. Bei motorischer Fahrt sind die unteren Stufen nur bei der Anfahrt, die oberen auch zur Einstellung der Geschwindigkeit auf kleineren Steigungen vorgesehen.
Zum Bremsen dienen alle Kontrollerstufen; für die normale Talfahrt sind jedoch die Stufen 2 bis 8 zwecks Anpassung der vorgeschriebenen Geschwindigkeit an das betreffende Gefälle nötig.

Bergfahrt

Die Bergfahrt auf der Strecke ist stets vom bergseitigen Führerstand aus zu steuern. Die Talfahrt wird sinngemäss vom talseitigen Führerstand aus gesteuert. Beim bergseitigen Kontroller ist die Stellung DEPOT verunmöglicht.

Vom talseitigen Kontroller aus ist zwecks Hin- und Herfahrt im flachen Depotbereich auch die Funktion bergwärts möglich. Im Übrigen sind beide Fahrkontroller gleich aufgebaut. Dank der Klinkenbremse, welche bei der Bergfahrt stets stark angezogen sein muss, gestaltet sich die Bergfahrt für den Triebwagenführer äusserst einfach.

Vor Fahrbeginn führt der Triebwagenführer den Stromabnehmer zum Fahrdraht und prüft durch das Fahrleitungs-Voltmeter den korrekten Wert der Netzspannung. Dann erfolgt die Einschaltkontrolle des Maximalstromschalters, die Betätigung des Totmannpedals, die korrekte Stellung des Wendeschalters auf BERGFAHRT sowie die stufenweise Betätigung der Kontrollerwalze bis zur 18. Fahrstufe.

Kleinere, als der 18. Fahrstufe entsprechende Fahrgeschwindigkeiten auf Steigungen unter 36%, können kurzzeitig durch Zurückschalten auf eine tiefere Fahrstufe eingestellt werden.
Dieses Bedürfnis kann eintreten bei leeren und allein fahrenden Triebwagen auf den kleinsten Steigungen (19% – 22%) sowie auf den Schiebebühnen und Gleiswender, oder bei Unterhaltsarbeiten am Geleise.

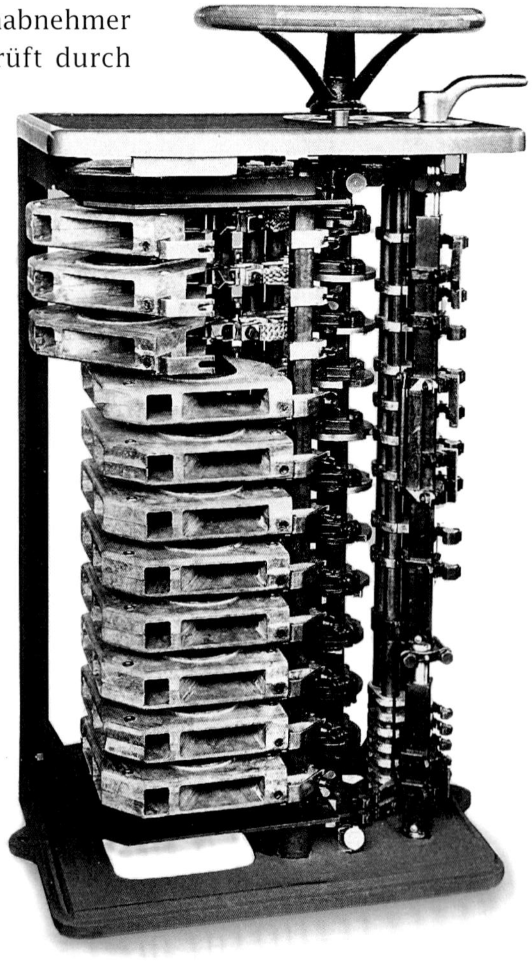

Talfahrt

Für die Talfahrt ist die Bedienung ebenso einfach.

Die Stromabnehmer können gesenkt werden, sofern der Triebwagen nicht geheizt werden muss.

Der Triebwagenführer tritt auf das Totmannpedal, stellt den Wendeschalter auf BREMSEN und die Kontrollerwalze auf die Bremsstufe 12, löst die Klinkenbremse und dann die Getriebebremse.

Beim Erreichen einer Talfahrt-Geschwindigkeit von ca. 2 km/h setzt die elektrische Widerstandsbremse sanft ein und hält den Triebwagen auf dieser Geschwindigkeit bis der Triebwagenführer stufenweise gegen die Bremsstufe 2 weiter schaltet.

Die Bremsstufen werden dann jeweils so gewählt, dass die zulässige Geschwindigkeit von 8,5 km/h möglichst genau eingehalten werden kann. Gefällszunahme bewirkt Erhöhung der Geschwindigkeit, welcher der Triebwagenführer durch Schalten auf eine entsprechende Fahrstufe begegnet. Gefälleabnahme wirkt umgekehrt.

Die ganze Geschwindigkeitsregulierung zwischen 4,0 km/h und 8,5 km/h erfolgt mittels der Bremsstufen 12 – 2.

Zur besseren Einhaltung der Geschwindigkeit ist zusätzlich ein Triebmotoren-Shunt eingebaut.

Der Shunt ist ein parallel zur Erregerwicklung der Hauptpole geschalteter Widerstand. Dadurch wird der Erregerstrom der Hauptpole verringert, was eine entsprechende Erhöhung der Motorendrehzahl zur Folge hat.

Die Bedienung dieser Shuntsteuerung erfolgt durch zwei Drucktasten. Beim drücken der EIN-TASTE während der Talfahrt schaltet das Shuntschütz ein und der Triebwagen fährt ca. eine halbe Bremsstufe schneller.

Dabei leuchtet eine Kontroll-Lampe in der Taste auf.

Zum Ausschalten muss die AUS-TASTE betätigt werden.

Zum Anhalten dreht der Triebwagenführer die Kontrollerwalze bis auf die Bremsstufe 12 zurück und zieht die mechanische Getriebebremse an. Keinesfalls darf die Kontrollerwalze im Bremsbetrieb auf die Nullstellung geschalten werden.

Die Maximalgeschwindigkeit bei der Talfahrt mit elektr. Bremsung ist: 9,0 km/h auf offener Strecke.

Depotfahrt

Damit auf den Horizontalstrecken im Depotareal auch mit Fahrstrom Talwärts gefahren werden kann, haben die Kontroller eine Fahrstellung DEPOT in der Form eines Wendeschalters. Diese ist jedoch nur am talseitigen Kontroller unter der Voraussetzung einstellbar, dass die Entriegelungstaste auf der Kontrollerdeckplatte betätigt wird. Ausserdem muss der Triebwagenführer durch betätigen des Totmannpedals den Solenoid erregen.

Auf der Horizontalen genügt es, die Kontrollerwalze auf die Fahrstufe 1 zu stellen. Die Stellung DEPOT ist nur solange eingeschal-

ten zu lassen, als sie für die Fahrt im Depotareal benötigt wird. Im bergseitigen Kontroller wird die Depotstellung mittels einer Plombierung blockiert.

Dienstfahrten im Depotareal

Die Fahrleitungsanlage ist im ganzen Depotareal spannungslos, sofern diese nicht befahren werden muss. Der Fahrleitung- / Erdungsschalter ist geöffnet; im geöffneten Schalterzustand ist die Fahrleitung im Werkstattbereich automatisch geerdet. Diese Schalterstellung GEERDET wird mit einem Bügelsenksignal angezeigt.

Im geerdeten Zustand darf der Bereich des Fahrleitungsmastens mit dem Trennschalter, von Obsee her in Richtung Depot keinesfalls überfahren werden. Das Bügelsenksignal ist zu beachten. Andernfalls erfolgt über den Pantographen und die geerdete Depotfahrleitung ein Kurzschluss.

Für die Ausfahrt vom Depotareal nach Obsee und umgekehrt ist wie folgt vorzugehen: Der Fahrleitung-Erdungsschalter ist zu schliessen, d.h. die Erdung wird aufgehoben und die Depotfahrleitung wird unter Spannung gesetzt. Dabei wird das oben erwähnte Bügelsenksignal aus dem Sichtbereich weggekippt.

Eine Warnblink-Kreisleuchte signalisiert, dass die Depotfahrleitung unter Spannung steht.

Fahrt vom Depotareal in die Station Alpnachstad

Für die Fahrt vom Depotareal in die Station Alpnachstad, befindet sich der Triebwagenführer im talseitigen Führerstand. Dazu ist der talseitige Pantograph zu benützen. Auf der Schiebebühne Obsee ist der Pantograph zu senken.

Mit der elektrischen Widerstandsbremse in Bremsstellung ist zur

Station Alpnachstad zu fahren. In ähnlicher Weise erfolgt die Fahrt von der Schiebebühne Obsee zum Depotareal. Vor dem Ende des Gefälles hat der Triebwagenführer auf die Bremsstufe 12 zu schalten. Auf den übrigen Bremsstufen würde infolge Abbaus des Bremsstromes die automatische Bremse ausgelöst. Im Rest des Auslaufs wird nötigenfalls die mechanische Getriebebremse und nachher die Stellung DEPOT benützt.

Der Maximalstromschalter

Die Einschaltung des automatischen Maximalstromschalters erfolgt von Hand und kann daher nur vom bergseitigen Führerstand aus erfolgen.

Die Ausschaltung kann sowohl automatisch durch Überstromauslösung (ca.150 Amp.), als auch von Hand im bergseitigen Führerstand erfolgen. Ferner kann die Ausschaltung auch über die Totmannsteuerung von beiden Führerständen aus bewirkt werden. Die Sofortausschaltung des Maximal Stromschalters im bergseitigen Führerstand erfolgt gewollt von Hand. Die elektromagnetische Fremdauslösung mit ca. 5 sek Verzögerung, erfolgt beim Loslassen des Totmannpedals.

Vom talseitigen Führerstand aus kann die elektromagnetische Ausschaltung bewirkt werden, indem der Triebwagenführer bei losgelassenem Totmannpedal den Kontroller auf Stellung BERGFAHRT oder BREMSEN schaltet. Einmannbedienung ist also nicht nur auf der Strecke, sondern auch bei Depotarealfahrten von und zu dem Depot möglich.

Sicherheitsvorrichtung

Die Sicherheitsvorrichtung besteht aus je einem Totmannschalter in jedem Führerstand.

Diese Totmannschalter sind Bestandteile der Totmannpedale und werden durch diese betätigt.

Den Totmannschaltern nachgeschaltet ist ein elektronisches Zeitrelais, welches die eigentlichen Schaltfunktionen um 3 – 5 Sekunden verzögert.

Wirkungsweise

- Der bergseitige Totmannschalter schliesst nach dem Loslassen des Totmannpedals und nach Ablauf der Verzögerungszeit einen Kontakt, wodurch die Auslösespule des Maximal Stromschalters erregt wird und diesen zum Abschalten bringt. Der bergwärts fahrende Triebwagen kommt so zum Stillstand und wird von der angezogenen Klinkenbremse am Rückwärtsrollen gehindert.
- Der talseitige Totmannschalter schliesst und öffnet nach Loslassen des Totmannpedals und nach Ablauf der Verzögerungszeit je einen Kontakt. Der Schliesskontakt schaltet den Maximal Stromschalter aus und wirkt als Sicherheitsvorrichtung falls etwa vom talseitigen Führerstand aus bergwärts gefahren wird.

  Der Öffnungskontakt wirkt als Sicherheitsvorrichtung bei Talfahrt mit elektrischer Widerstandsbremse.

  Der Solenoid wird stromlos, wodurch über eine mechanische Auslösung, die Klinkenbremse in Tätigkeit gesetzt wird.

- Die Verzögerungen im Totmannschalter erlaubt dem Triebwagenführer das Totmannpedal kurzzeitig loszulassen ohne dass ein Anhalten des Triebwagens erfolgt. Zur Warnung ertönt aber sofort nach dem Loslassen ein Akustiksignal. Der Alarm ertönt auch dann, wenn der Triebwagenführer im Stillstand den Führerstand verlässt, ohne vorher den Kontroller in die Null-Stellung gebracht zu haben.

Amperemeter
0 – 150 Amp.

In beiden Führerständen zeigt je ein Amperemeter den Fahr- bzw. den Bremsstrom der Antriebsgruppe an.

Fahrleitungsvoltmeter
0 – 1'800 Volt DC

Das Voltmeter für die Spannungsanzeige der Fahrleitung ist im bergseitigen Führerstand, über eine Sicherung und einen Schalter angeschlossen.
Da das Instrument ziemlich empfindlich ist, soll dieses bei Gewitter zwecks Vermeidung von Überspannungsstössen, ausgeschalten werden.

Steuerungsvoltmeter
0 – 18 Volt DC

Das Voltmeter für Bordnetz-Spannung ist im talseitigen Führerstand über einen Druckknopfumschalter angeschlossen. In der Normalstellung zeigt das Voltmeter die Ventilatormotor-Spannung der Bremswiderstände an; das ist gleichzeitig eine Funktionsbestätigung für die Fremdbelüftung der Bremswiderstände. Beim Betätigen des Druckknopfschalters wird die Akkuspannung angezeigt.

Triebwagenheizung

Die Triebwagenheizung ist über eine Sicherung und einen Schalter ans Fahrleitungsnetz, 1'500 Volt angeschlossen. Der Heizschalter und die Sicherung sind im bergseitigen Führerstand eingebaut.

Triebwagenbeleuchtung

Die Aussen- und Innenbeleuchtung, das Signalhorn sowie die elektrischen Steuerungskomponenten werden von 14-zelligen Nickel-Cadmium-Akkumulatoren mit einer Nennspannung von 18 Volt = gespiesen. Der Akku wird mittels eines Spannungsabfall-Abgriffs am Bremswiderstand während der Talfahrt aufgeladen sofern der Ladeschalter eingeschaltet ist. Die Ladestromstärke ist mittels des Ladeschalters auf drei verschiedene Werte einstellbar.
Eine allenfalls nötige weitere Anpassung kann durch Verändern des im bergseitigen Führerstand untergebrachten Ladewiderstands erfolgen.
Die Innen- und Aussenbeleuchtung der Triebwagen wird mittels zwei Drucktasten von jedem Führerstand aus, ein- und ausgeschaltet. Mit der Aussenbeleuchtung ist auch die Beleuchtung des Geschwindigkeitsanzeigers verbunden. Die Signalhörner werden mit einer Taste, die sich in jedem Führerstand befindet, betätigt.

Die mechanische Ausrüstung der Triebwagen

Antrieb der Triebzahnräder

Beide Triebzahnräder werden unabhängig voneinander von dem Zwillings-Serie/Hauptschlussmotor mittels je einer Verbindungswelle über ein Kegelradgetriebe angetrieben.

Die Gesamtübersetzung beträgt 1:17,8, was bei einer Motorentourenzahl von 2'600 U/min und einer Triebwagen-Geschwindigkeit von 12 km/h, einer Drehzahl der Triebzahnradachsen von 145 U/min entspricht. Das Triebzahnrad des Stirnradgetriebes ist gefedert, wodurch möglichen Teilungsfehlern der Zahnstange Rechnung getragen werden kann.

Die beiden Antriebseinheiten sind öldicht abgeschlossen und mit einer Ölumlaufschmierung versehen.

Der Ölumlauf erfolgt durch eine am Wellenende des Vorgeleges (Tellerrad) angebrachte Zahnradpumpe. Der Öldruck soll bei der Talfahrt und bei betriebswarmem Öl stets ca. 0,3 – 0,5 bar betragen. Zur Verhinderung eines Überdrucks ist ein Überdruckventil eingebaut, welches auf 6,0 bar eingestellt ist. Der Öldruck wird durch ein Manometer im talseitigen Führerstand angezeigt. Das von der Ölpumpe angesaugte Öl durchfliesst einen Filter, der an der linken Getriebeseite angebracht und leicht ausbaubar ist. Dessen Reinigung hat in bestimmten Zeitabständen zu erfolgen, welche im Betrieb festzulegen sind. Es ist darauf zu achten, dass der Filter nach dem Ausbau wieder luftdicht angeschlossen wird.

Die Kontrolle des Ölstandes im Antriebsgetriebe hat täglich zu erfolgen. Dazu dient ein auf der rechten Getriebeseite angebrachter Messstab mit zwei Markierungen für maximalen resp. minimalen Ölstand. Diese Markierungen haben nur Gültigkeit, wenn sich der Triebwagen auf der Horizontalen bzw. im Werkstattareal befindet.

Die unteren Lager der Triebzahnradachsen sind von der Umlaufschmierung ausgenommen und werden von einem separaten und abdeckbaren Schmierbecher mit zwei Ausläufen geschmiert.
Zwecks Vermeidung einer übermässigen Schmierung sind bei den Ölanschlussstutzen zum Rollenlager der Ritzelwelle des Kegelradgetriebes und bei den Anschlussstutzen der oberen Gleitlager der Triebzahnradachsen Drosselschrauben mit 2 mm Bohrung eingebaut.

Bremszahnräder und Schneckengetriebe

Die beiden Bremszahnräder treiben bei der Talfahrt der Triebwagen über je ein Schneckengetriebe die gemeinsame Schneckenwelle mit der Klinkenbremsscheibe an.

Bei der Bergfahrt steht die Schneckenwelle zufolge der Klinkenmechanismen, welche in die Schneckenräder eingebaut sind, still. Die Schneckengetriebe befinden sich in einem abgeschlossenen Öltrog.

Derselbe ist soweit mit Öl anzufüllen, dass sich das Ölniveau ca. 2 cm über dem Öltrogboden befindet, wenn sich der Triebwagen in horizontaler Lage befindet.

Die Lager der vertikalen Bremszahnradachsen, der Schneckenwelle sowie die Klinkenmechanismen werden aus zwei abdeckbaren Schmierbechern mit je drei Ausläufen geschmiert. Die Schmierstellen sind über die seitlichen Klappen in den Triebwagenkasten-Seitenwänden gut zugänglich.

Höheneinstellung der Trieb- und Bremszahnräder

Der Abstand von Unterkante Triebzahnradspurkranz bzw. Bremszahnradspurkranz bis zur Laufschienenoberkante beträgt 16–18 mm.
Die Höhenregulierung des Triebwagen-Untergestells geschieht bei der talseitigen Laufachse durch die über den Achsenlagern angebrachten Federspannschrauben und bei der bergseitigen Laufachse durch entsprechende Bemessung der Unterlegbleche, die bei der Mittelabstützung angebracht sind.

Es ist darauf zu achten, dass das Federspiel bei den Lagern der talseitigen Laufachse auf 3 mm beschränkt ist, was durch entsprechende Stärke der Anschlagplatten beim Lagerausschnitt erreicht wird.

Bremsenbandbeläge
Die Bremsbänder der Klinken- und Getriebebremse sind mit einem aufgenieteten Bremsbelag beschichtet, dessen Abnützung normalerweise klein ist. Sie sind so einzustellen, dass zwischen Bremsband und Bremsscheibe ein radiales Spiel von 2,0 bis 2,5 mm besteht. Die Nachstellung der Klinken- und Getriebebremse erfolgt durch bei den Bremsbändern angebrachten Schlösser.

Rutschkupplungen
Jede der beiden Verbindungswellen zwischen Triebmotor und Antriebsgetriebe enthalten eine Rutschkupplung.
Diese sind als Trockenlamellenkupplungen mit Drehmoment-Begrenzung ausgebildet. Die Kontrolle des maximal zulässigen Drehmomentes erfolgt bei fest gebremstem Triebwagen und momentan belasteten Triebmotoren. Bei einer Grenzstromstärke von 185 Amp sollen die Kupplungen ins Rutschen kommen.
Die Regulierung der Rutschkupplungen erfolgt durch Veränderung der Federspannkraft mittels drei am Kupplungsgehäuse angebrachten Stellschrauben.

Laufachsen (Tragachsen)
Das gesamte Axialspiel der oberen und unteren Laufachse beträgt: 2 x 35 mm.
Die Achslager werden mit Öl geschmiert. Am Unterteil der talseitigen Laufachsenlager sind Füllschrauben angebracht. An der bergseitigen Laufachse sind vier abdeckbare Schmierbecher mit Abläufen montiert.
Für die Fettschmierung der losen Laufräder sind an den Laufachsen-Enden Schmiernippel vorhanden.

Geschwindigkeitsmesser
Im talseitigen Führerstand des Triebwagens ist ein registrierender Geschwindigkeitsmesser in km/h angebracht.
Dessen Antrieb wird über ein Kegelradgetriebe und mittels einer flexiblen Welle ab der talseitigen Laufachse abgenommen.
Das Kegelradgetriebe ist mit Kugellagerfett zu füllen. Die Gelenkwelle ist zu schmieren.

Zahnstangenschmierung für das System LOCHER
Für die Schmierung der Locher-Zahnstangen stehen Schmierpumpen zur Verfügung, welche von der talseitigen Laufachse mittels Lederriemen angetrieben werden.
Diese Schmierpumpen sind täglich bei der Triebwagenbereitstellung mit Zahnstangenöl aufzufüllen.
Auch die Laufschienen werden mittels einer Schmierpumpe geschmiert, jedoch nicht täglich sondern je nach dem Zustand (witterungsbedingt) der Laufschienenoberfläche.

Talfahrt mit einem Triebwagen bei einem Defekt der Triebmotoren
Für dieses Ausnahmeereignis soll die Talfahrt unter Verwendung der talseitigen Spindelbremse vorgenommen werden, wobei die beiden Getriebebremsscheiben mit Wasser zu kühlen sind. Die Getriebebremsscheiben sind zur Bewältigung dieses Spezialfalls mit einem Rand versehen, so dass das Kühlwasser, infolge der Schleuderwirkung, nicht wegfliessen kann. Diese Kühlwasserzuführung kann bei abgehobener Bodenluke vorgenommen werden. Die bergseitige Klinkenbremse soll womöglich nicht verwendet werden und lediglich als Sicherheitsbremse dienen. Es darf bei diesem Manöver nur mit kleiner Geschwindigkeit und ohne Zuladung gefahren werden.

Stationieren der Triebwagen

Wenn die Triebwagen längere Zeit in der Wagenhalle oder in der Werkstätte stationiert werden, sollten diese wöchentlich einmal um einige Meter, bewegt werden. Dadurch werden, gemäss Vorschriften der Kugellagerlieferanten, örtliche Druckstellen und Korrosionserscheinungen vermieden. Beim Triebwagenverschieben auf dem Wagendepotareal, soll nur die Spindelbremse benützt werden, weil die Klinkenbremse nur in einer Fahrtrichtung (Talfahrt) wirksam ist.

Schmieröl

Für den Schmierservice der Triebwagen besteht ein Schmierplan. Es wird vorausgesetzt, dass die Triebwagen während der kalten Jahreszeit in der Wagenhalle stationiert sind, wo die Temperatur nicht unter -8° C sinken darf, damit ein Stocken des Öles vermieden wird. Für das Antriebsgetriebe der Triebzahnräder ist ein gutes, säurefreies Mineralöl mit Stockpunkt, ca. -10° C, und einer Viskosität von ca. 10 Engelergrad bei 50° C zu verwenden. Das gleiche Öl kann für die Achsen- und Wellenlager bei den Triebzahnrädern, Bremszahnrädern sowie der Schneckenradwelle, d.h. überall dort wo das Öl von abdeckbaren Schmierbechern zugeführt wird, verwendet werden.

Elektrischer Güter-Triebwagen Ohe ½ Nr. 31 / 1954

1954, lieferte die Schweizerische Lokomotiven- und Maschinenfabrik in Winterthur, SLM, den elektrischen Gütertriebwagen Nr. 31 an die Pilatusbahn-Gesellschaft.

Wagenkasten Nr. 29 / 1962

Der Gütertriebwagen Ohe ½ Nr. 31 von 1954, erhielt im Jahre 1962 einen Personenwagenkasten, der mit der Güterplattform ausgetauscht werden kann. Als Personentriebwagen, läuft er unter der Bezeichnung Ahe ½ Nr. 29.

Elektrischer Triebwagen Bhe ½ Nr. 30 / 1968

1968 lieferte die Schweizerische Lokomotiven- und Maschinenfabrik in Winterthur den elektrischen Personentriebwagen Nr. 30 an die Pilatusbahn-Gesellschaft.
Der Wagenkasten wurde von der Firma Gangloff in Bern hergestellt.

PILATUS

Elektrische Ausrüstung des Triebwagens Nr. 30

Ergänzungsanleitung zur Beschreibung der Triebwagen Nr. 21–29

Bergseitiger Führerstand

Der Triebwagen Nr. 30 ist mit einer zusätzlichen Shuntsteuerung im bergseitigen Führerstand ausgerüstet.
Bei der 18. Bergfahrtstufe kann bei zu langsamer Fahrt des Triebwagens zusätzlich der SHUNT geschalten werden, was eine Geschwindigkeitszunahme von ca. 0,5 km/h bewirkt. Im bergseitigen Führerstand befindet sich auf dem Armaturenbrett rechts eine grüne Kontroll-Lampe für die Klinkenbremse-Stellungsanzeige.
Vor Beginn der Bergfahrt muss die Klinkenbremse stark angezogen und verriegelt werden.
Die grüne Kontroll-Lampe muss aufleuchten, sonst löst der Maximal Stromschalter beim Betätigen des Kontrollers eine Betriebsstellung aus.

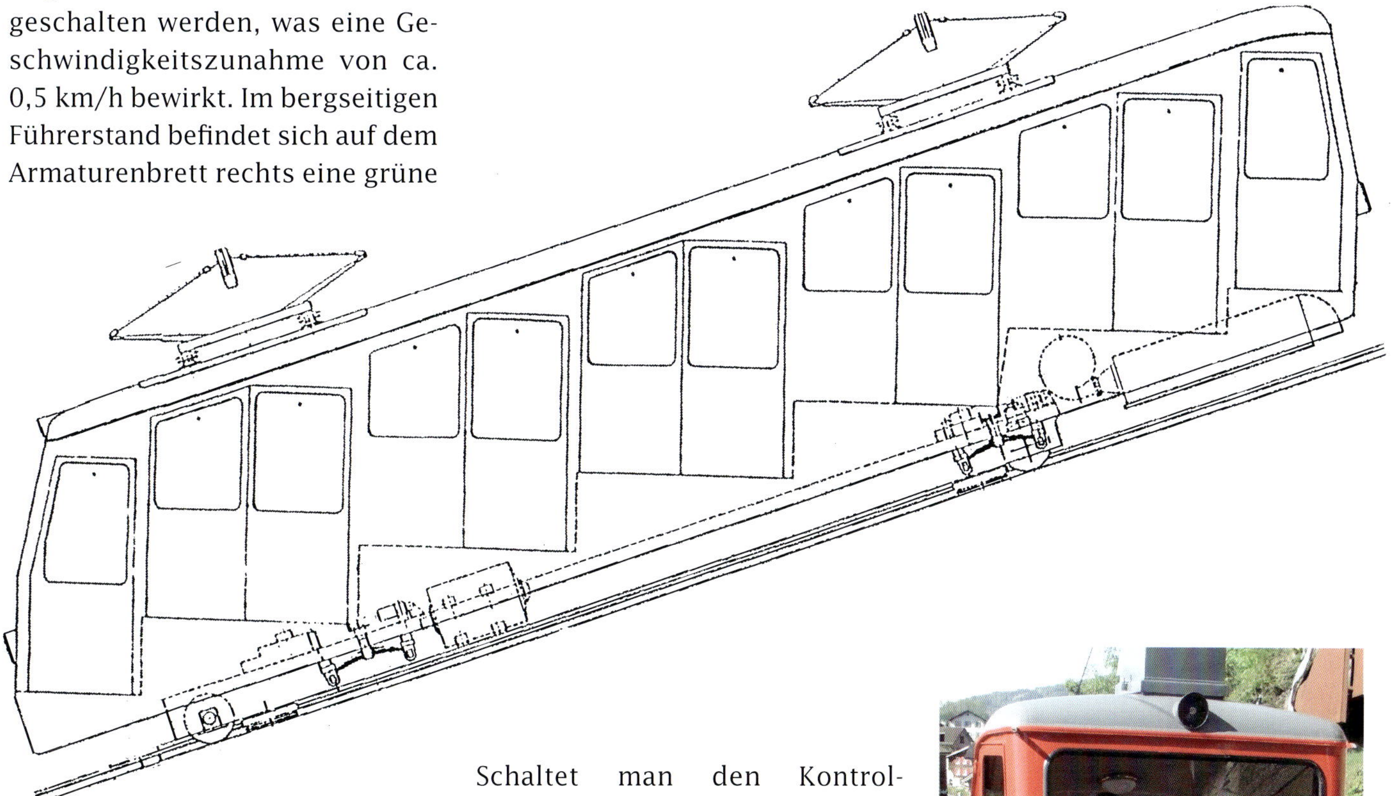

Der elektrische Scheibenwischer kann erst nach dem Einschalten einer Betriebsstellung (Bergfahrt oder Bremsen) eingeschaltet werden.

Schaltet man den Kontroller während der Scheibenwischerlaufzeit auf Null, so bleibt der Scheibenwischer irgendwo solange stehen bis wieder eine Fahrtrichtung eingeschaltet wird. Die Führerstandsitze sind in drei Stufen höhenverstellbar.
Die Getriebebremse funktioniert gleich wie bei den übrigen elektrischen Triebwagen.

Talseitiger Führerstand

Die Regulierung ist mit 12 Talfahrtstufen plus Shunt sowie mit 18 Bergfahrtstufen und einer Depotfahrstellung konzipiert. Der Fahrkontroller ist in Längsrichtung zum Triebwagen eingebaut, was eine andere Stellung des Wendeschalters zur Folge hat. Deshalb ist es unbedingt nötig, sich genau zu überzeugen, dass man die richtige Fahrrichtung eingeschalten hat.

Mechanische Ausrüstung des Triebwagens Nr. 30

Klinkenbremse

Die Bremsspindel türseitig mit Verriegelung der Klinkenbremse benötigt ca. fünf Umgänge.

Bei der Talfahrt muss diese Klinkenbremse bis zum Anschlag gelöst werden. Den Verriegelungsbolzen steckt man dabei in die Bolzenführung. Bei der Bergfahrt muss die Klinkenbremse stark angezogen sein und mittels des Bolzens verriegelt werden. Die Getriebebremse ist gleich zu bedienen wie in den übrigen elektrischen Triebwagen.

Rückzugsvorrichtung zur automatischen Klinkenbremse

Die automatische Klinkenbremse wird mittels Hydrauliköldruck gelüftet.

Die Handpumpe dazu ist im talseitigen Führerstand montiert. Eine Kontrollleuchte signalisiert die eingefallene Klinkenbremse.

Der Hydrauliköldruck beim Lüften der Klinkenbremse wird mit einem Manometer angezeigt.

Aufziehen der Klinkenbremse

- Getriebebremse anziehen.
- Klinkenbremse anziehen.
- Aufsetzen des Verlängerungsrohres auf den Handpumpenhebel.
- Niederdrücken des Ventilhebels von Hand und gleichzeitig mit der Handpumpe am Pumpenhebel den Hydrauliköldruck soweit erhöhen bis die Kontrollleuchte erlischt.

  Das vollständige lüften der Klinkenbremse erfordert ca. 9 Pumpenhübe.
- Den Ventilhebel loslassen und kontrollieren ob dieser sofort nach oben in die Ausgangsstellung zurück geht. Dasselbe gilt für die Hydrauliköldruckanzeige (0 bar). Sollte der Ventilhebel einmal nicht in die Ausgangslage oder der Hydrauliköldruck nicht in die Nulllage zurückgehen, muss der Triebwagen zur Überprüfung in die Werkstatt gefahren werden.
- Das Verlängerungsrohr ausziehen und versorgen. Falls die Klinkenbremse das erste Mal nicht einklinken sollte, ist der Pumpvorgang zu wiederholen.

Im Wagendepot muss die Klinkenbremse ganz gelöst werden, damit die grüne Kontrollleuchte im bergseitigen Führerstand zur Schonung des Akku erlischt.

Dieselelektrischer Dienst-Triebwagen Xhm ½ Nr. 32

1981 lieferte die Stadler-Fahrzeuge AG in Bussnang den dieselelektrischen Dienst-Triebwagen Nr. 32 an die Pilatusbahn AG.
Ankunft in Alpnachstad: 22. Dezember 1981
Inbetriebnahme im April 1982

Die Pilatus-Zahnradbahn ist, seit ihrer Eröffnung am 4. Juni 1889 bis heute die steilste Zahnradbahn des öffentlichen Verkehrs auf der ganzen Welt geblieben.
Ihre aussergewöhnliche Steigung von 48% und die deswegen notwendige Zahnstange System LOCHER erforderten immer Sonderkonstruktionen für die Triebwagen, zuerst für die einzigartigen Dampftriebwagen und 1937 für die elektrischen Triebwagen.

Vorgeschichte

Als Dienstfahrzeug für das Abräumen der Fahrleitung im Herbst (November–Dezember) sowie für den Schneebruch und das Wiederaufbauen der Fahrleitung im Frühling (April–Mai) diente bis 1981 einer der beiden übrig gebliebenen Dampftriebwagen Xhd ½ Nr. 9. Studien für einen dieselelektrischen Triebwagen als Ersatz des am Ende seiner Lebensdauer angelangten Dampftriebwagens Nr. 9 reichen in die ersten siebziger Jahren (1972) zurück. Die Überlegungen zielten zunächst darauf ab, eine Dieselmotoren-Generator-Gruppe zu beschaffen, welche auf dem elektrischen Gütertriebwagen Ohe ½ Nr. 31 als mobile Stromquelle hätte dienen sollen. Neben technischen Problemen führte auch die verbleibende geringe Zuladungsmöglichkeit dazu, diesen Gedanken aufzugeben. Eine weitere Variante sah eine Art Zahnrad-Draisine vor, welche jedoch auch rund eine halbe Million Franken gekostet hätte. Dieser Aufwand erschien in Anbetracht der vier bis fünf Einsatzwochen pro Jahr nicht als vertretbar. Erst das dritte Projekt erwies sich als die richtige Lösung. Ausgehend von der Konstruktion des in zehn Exemplaren vorhandenen elektrischen Triebwagens entstand als Gemeinschaftswerk der SLM in Winterthur (Fahrgestell), der Stadler-Fahrzeuge AG in Bussnang (Aufbauten) und der BBC in Baden (elektrische Ausrüstung) ein dieselelektrischer Dienst-Triebwagen. Dieser soll sowohl für die erwähnten Dienstfahrten als auch für den Güterverkehr nach Pilatus-Kulm verwendet werden können.

Technische Beschreibung

Der Hauptrahmen (Fahrgestell) mit der Bremsausrüstung wurde nach den Zeichnungen des 1967 gebauten, letzten Personen-Triebwagens Bhe ½ Nr. 30 bei der SLM in Winterthur angefertigt.
Die Elektromotoren und das Antriebsgetriebe konnte die Pilatusbahn aus vorhandenen, aber nie benützten Reservebeständen beisteuern.

Auf diesem Rahmen (Fahrgestell) montierte die Stadler-Fahrzeuge AG bergseits eine Führerkabine, daran anschliessend einen etwa halbhohen Aufbau für den Dieselmotor, den Generator, den 200 Liter fassenden Diesel-Brennstofftank, die Hydraulikaggregate sowie die übrige technische Ausrüstung.

Talseitig anschliessend an die Führerkabine befinden sich drei hydraulisch, entsprechend der Strecken-Neigung einstellbare, Ladebrücken. Auf der untersten Plattform kann bei Bedarf eine kleine mobile Kabine mit einem Hilfsführerstand aufgesetzt werden.
Alle Aufbauten sind in Fahrzeuglängsrichtung gesehen, asymmetrisch angeordnet. Dadurch steht eine, von unten in der Fahrrichtung gesehen rechts liegende, durchgehende Ladefläche für lange Güter, wie Fahrleitungsmaste, etc., zur Verfügung.
Aus Gewichtsgründen wurden die Aufbauten weitgehend aus Leichtmetall gefertigt.

Die dieselelektrische Gruppe besteht im Wesentlichen aus dem luftgekühlten, aufgeladenen Deutz-Dieselmotor, mit zwölf Zylindern und einer Nennleistung von 428 PS, mit Turbolader und Direkteinspritzung sowie mit einem Gleichstrom-Generator mit Eigenventilation. Dessen maximale Klemmenspannung von 800 Volt erforderten einen Umbau der vorhandenen Fahrmotoren von Serie- auf Parallelschaltung.

Die elektrischen Triebwagen der Pilatusbahn besitzen zwei dauernd in Serie geschaltete und in einem gemeinsamen Motoren-Gehäuse gelagerte Zwillingsmotoren, deren Stator- und Rotorklemmen nicht einzeln herausgeführt sind.
Diese Anschlüsse mussten nun realisiert werden, um die beiden Elektromotoren parallel schalten und den Bau eines viel teureren Generators mit 1'000 Volt Klemmenspannung umgehen zu können.

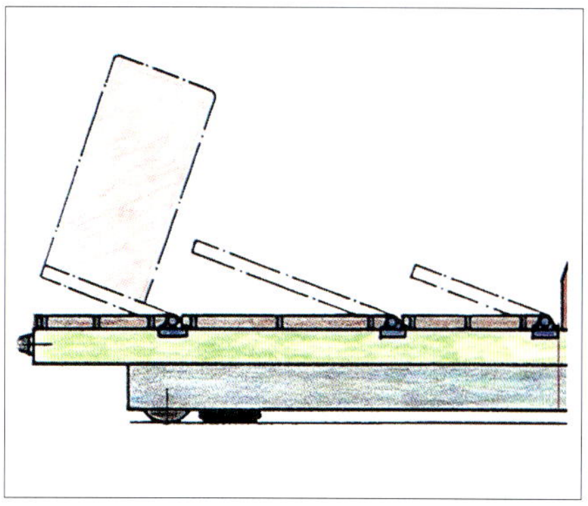

Die technische Ausrüstung des Dienst-Triebwagens

Die elektrische Ausrüstung des Dienst-Triebwagens, umfasst den Triebmotoren-Stromkreis, die Beleuchtung sowie einige weitere Nebenstromkreise. Die Energie wird mit dem durch den Dieselmotor angetriebenen Gleichstrom-Generator erzeugt. Der Gleichstrom fliesst vom Generator über ein Generator-Trennschütz an die beiden Triebmotoren und zum Generator zurück. Mittels eines Regelwiderstands am Fahrkontroller wird das Generatorfeld (J – K) über einen Stromregler erregt.

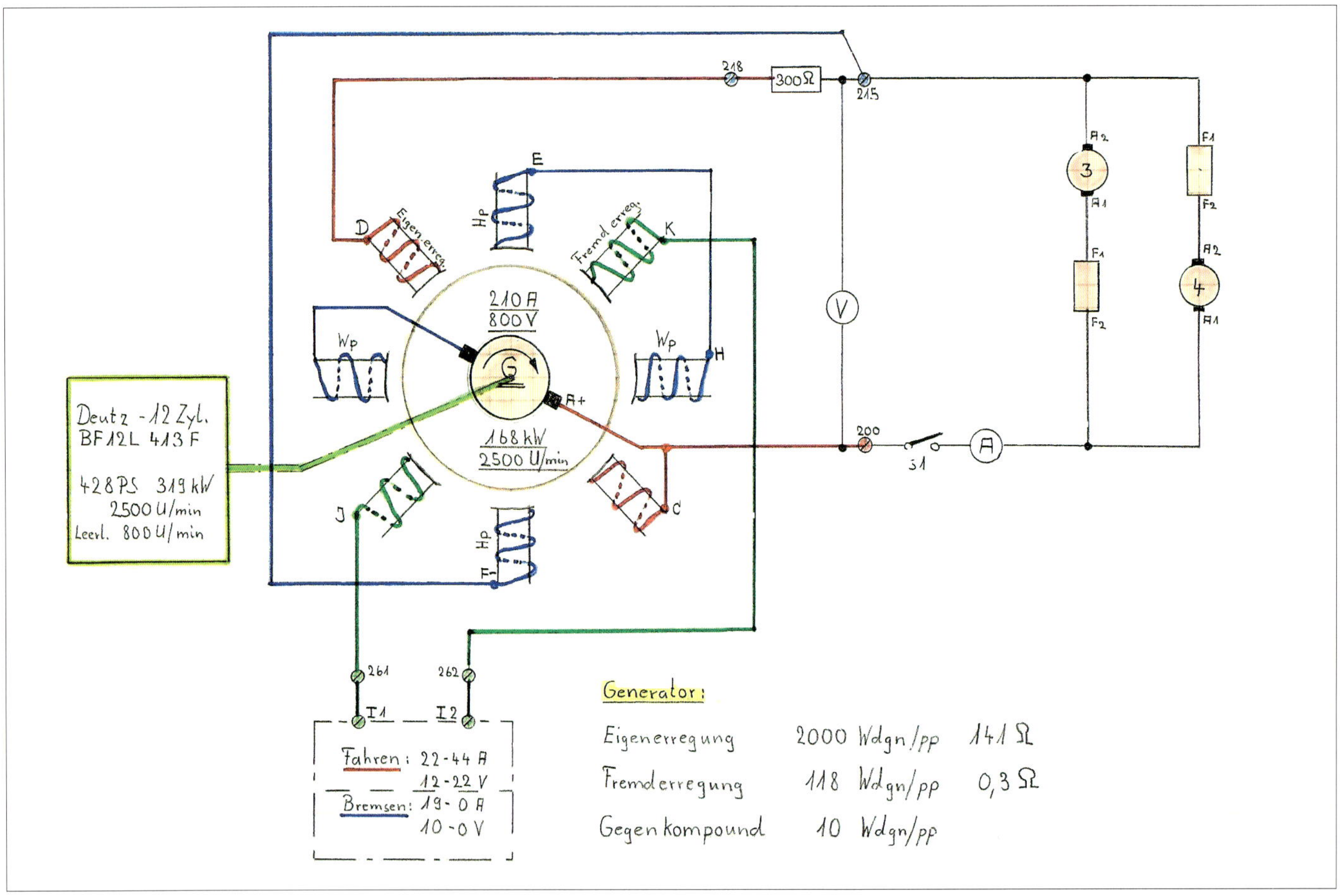

Ein Gruppenschalter auf dem Bedienungspult, sieht vier Betriebszustände vor

BF-Bergfahrt mit den beiden parallel geschalteten Fahrmotoren.

TB-Talfahrt mit den vom Generator fremd erregten Motoren, die auf die Bremswiderstände arbeiten.

NB-Not-Betrieb bei Ausfall der Dieselmotor-Generator-Gruppe mit den Serie erregten Motoren in Kurzschluss-Bremsschaltung.

DF-Depotfahrt mit den beiden in Serie geschalteten Fahrmotoren für angetriebene Rückwärtsfahrt im Depot- und Werkstattbereich.

Drehzahlregelung des Dieselmotors

Die Regelung des Dieselmotors und der Generatorerregung erfolgt über einen gemeinsamen Kontroller, der ebenfalls nur im bergseitigen Führerstand vorhanden ist. Die talseitige Hilfsführerkabine besitzt lediglich eine Signaleinrichtung und eine Auslösetaste für das Generator-Trennschütz. Ein Hilfsbetriebe- und Batteriestromkreis dient zur Erregung des Hauptgenerators sowie zur Versorgung der Hydraulikpumpe, der Beleuchtung und der übrigen Hilfseinrichtungen. Er arbeitet mit 24 Volt Gleichspannung und wird von einem eigenen Generator (Alternator) versorgt.

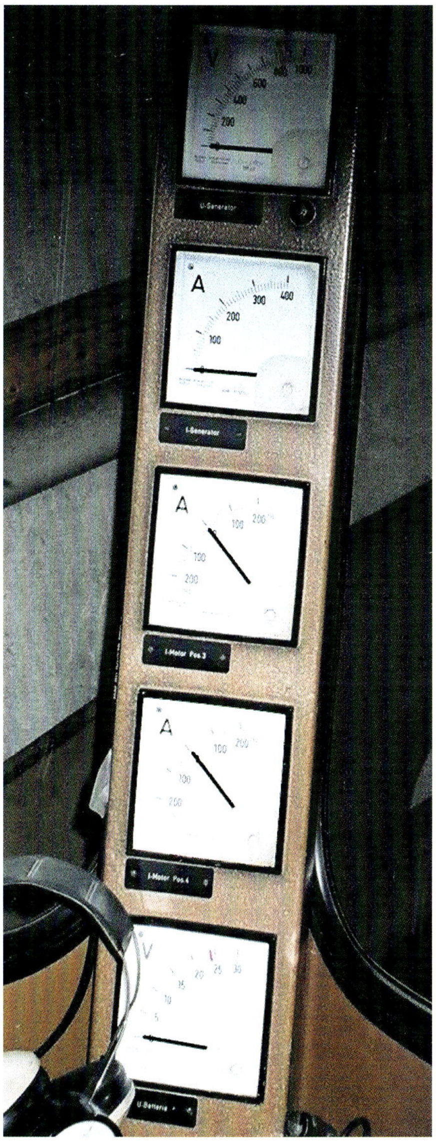

Instrumente und Kontrollleuchten

Generator-Spannung
Das Voltmeter zeigt die Klemmenspannung des Antriebssystems (Generator/Motor, bis 800 Volt DC) an.

Generator-Strom
Das Amperemeter zeigt den Kreisstrom der Antriebseinheit (Generator/Motor) an.

Triebmotoren-Strom
Die beiden Amperemeter zeigen den Strom jedem der beiden Antriebsmotoren an. Jeder Motor führt ca. die Hälfte des Kreisstromes der Antriebseinheit.

Akku-Spannung
Das Voltmeter zeigt die Spannung (Wechselstrom, gleichgerichtet) des Bordnetzes, 24 Volt an. Die Bordnetz-Spannung wird durch einen am Hauptgenerator angekoppelten Alternator (Dynamo) erzeugt.

Geschwindigkeitsmesser-Antrieb
Im Führerstand ist ein registrierender Geschwindigkeitsmesser (Fabr. HASLER, Modell RT 9) vorhanden.

Der Antrieb des Geschwindigkeitsmessers erfolgt ab dem Getriebe der Antriebszahnräder, über einen Zahnriemen an einen elektrischen Geber, welcher mit einem Stromstabilisator geregelt ist. 800 U/min am Geber ergeben eine Richtgeschwindigkeit von 15,0 km/h des Triebwagens. Die abgegebene Spannung vom Geber (Dynamo) wird an den Empfänger (Motor eines Synchronsystems) geleitet, welcher den eigentlichen Tachographen antreibt. 1'000 U/min am Empfängermotor entsprechen einer Richtgeschwindigkeit des Triebwagens von 15 km/h. Der Vorteil dieses Antriebsystem besteht darin, dass die Angabe der Geschwindigkeit nicht mehr durch die Abnützung der Laufräder-Bandagen beeinflusst wird.

Sicherheitsvorrichtungen

Die Sicherheitsvorrichtungen bestehen aus einer Totmann-Überwachung mittels des Totmannpedals und parallel dazu einer Totmann-Taste, welche periodisch in minimalen Zeitabständen (Wachsamkeits-Rhythmus) betätigt werden müssen. Wird innerhalb einer Minute keine Tätigkeit des Triebwagenführers eingeleitet, wird der Nothalt ausgelöst und der Dienst-Triebwagen kommt sofort in den Stillstand.
Diese Vorrichtung stellt sicher, dass sich der Dienst-Triebwagen nicht unbeaufsichtigt bewegen kann.

Lotsenstand (Begleiter-Kabine)
Bei der Talfahrt ist eine Übersicht auf die Strecke für den Triebwagenführer ungenügend. Aus diesem Grund muss der Dienst-Triebwagen mit einer Begleitperson (im Lotsenstand) besetzt sein. Aus diesem Lotsenstand kann ein Warnsignal an den Triebwagenführer übermittelt, eine Notbremsung ausgelöst sowie ein akustisches Warnsignal abgegeben werden.

1'500 Volt DC Fahrleitungsspannung
Die Aufbauten auf dem Dienst-Triebwagen dürfen nicht bestiegen werden, da die Fahrleitung wenn möglich unter Spannung steht! Auf diese Gefahr wird mit drei Warnungstafeln hingewiesen.
Diese Aufbauten dürfen erst betreten werden, wenn die Fahrleitung ausgeschaltet und sichtbar mit Erdungsstangen geerdet ist!

Die Bremssysteme
Zum Festhalten in der Steigung und für eine sichere Talfahrt besitzt der Dienst-Triebwagen mehrere unabhängige Bremssysteme:
Eine Federspeicher-Schlingbandbremse auf dem Antriebsgetriebe wird hydraulisch über ein Regulierventil im Führerstand bedient.
Die automatische mechanische Klinken-Schlingbandbremse ist am Bremsgetriebe angebaut und wird entweder über einen Zentrifugalschalter oder über ein abfallendes Relais bei Ausfall des Bremsstromes ausgelöst.

Als Betriebsbremse bei der Talfahrt, dient eine fremderregte elektrische Widerstandsbremse, welche stufenlos reguliert werden kann. Bei einem Ausfall der Generatorspannung ermöglicht die mit dem Gruppenwahlschalter einschaltbare Kurzschluss-Bremsschaltung eine Not-Talfahrt mit reduzierter Geschwindigkeit.

Ein ausgeprägtes Streben nach Vermeidung unnötigen Gewichtes erforderte eine Beschränkung des Triebwagengewichtes auf 11,7 t. Bei einem zulässigen Gesamtgewicht von 13,7 t verbleibt somit eine recht ansehnliche Nutzlast von 2,4 t. Da der Dienst-Triebwagen auch bergwärts die gleiche Geschwindigkeit erreicht wie die elektrischen Triebwagen (12 km/h), lässt er sich problemlos in den Verband der Personen-Triebwagen einreihen. Talwärts ist eine Geschwindigkeit von max. 9,0 km/h zugelassen.

Automatische Bremsauslösevorrichtung

Die automatische Bremsauslösung aktiviert die Sicherheitsbremse. Diese wirkt mechanisch durch Federspeicherkraft auf die Klinkenbremse und tritt nur bei der Talfahrt in Funktion, wenn:

- die vorgeschriebene Geschwindigkeit von 9,0 km/h überschritten wird und den Auslösewert von 9,75 km/h erreicht.
- der Bremsstrom aus irgendeinem Grund ausfällt und die Geschwindigkeit mehr als 3,0 km/h beträgt.
- das Totmannpedal nicht im Wachsamkeitsrhythmus betätigt wird und die Sicherheitssteuerung nicht mit dem Überbrückungsschalter bewusst überbrückt ist.
- im Lotsenstand, die Notstop-Taste betätigt wird.
- das Maximal-Stromrelais des Hauptstromkreises (Generator/Motor, Strombegrenzung) anspricht.
- Bei allen aufgelisteten automatischen Bremsauslösungen wird über das Notbremsschütz auch der Dieselmotor stillgesetzt.

Spannfeder

Die für die automatische Bremse erforderliche Kraft am Abzughebel der Klinkenbremse wird von zwei parallel angeordneten Schraubenfedern (je 550 kp) aufgebracht. Mittels einer Spannmutter kann die effektiv benötigte Bremskraft eingestellt werden.
Um den Schlag auf das Bremsgestänge bei der schlagartigen Freigabe der Federkraft zu dämpfen, wurde in der hydraulischen Druckleitung ein Drosselrückschlagventil eingebaut. Die gewünschte Dämpfung kann mittels einer Regulierschraube eingestellt werden. Aber ACHTUNG: Das Drosselventil darf auf keinen Fall ganz geschlossen werden, da sonst die Klinkenbremse nicht mehr wirken kann. Für die nur manuell zu betätigender Getriebebremse gelten dieselben Anordnungen wie für die Klinkenbremse.
Die beiden vorgespannten Zugfedern erzeugen eine Abzugskraft von 452 kp.

Drosselrückschlagventil

Bei jeder Revision des Dienst-Triebwagens sind die Einstellungen am Drosselrückschlagventil sowie die Dichtigkeit der Rohrleitungen zu kontrollieren.
Periodisch ist die Füllung (keine Luft) in den Leitungen zu überprüfen. Diese Kontrolle ist besonders wichtig, da ab derselben Hydraulikanlage auch die Hub- und Verriegelungszylinder der verstellbaren Plattformen versorgt werden.

Bedienungsanleitung für Xhm ½ Nr. 32

Anlassen des Dieselmotors

Der Steuerschlüssel-Schalter wird in die Stellung ANLASSEN gedreht.
Der Knebelschalter DIESEL-START wird in die Stellung VORGLÜHEN gedreht und solange gehalten, bis die Kontrollleuchte DIESEL-GLÜHEN aufleuchtet. Dann muss der Knebelschalter in die Stellung START gedreht werden bis der Dieselmotor angesprungen ist.
Anschliessend wird der Steuerschlüssel-Schalter in die Stellung BETRIEB gelegt.
Der Handschalter HYDRAULIK-PUMPE wird bei gleichzeitiger Überwachung des Manometers eingeschaltet.
Wenn der Dieselmotor in Betrieb ist, dürfen keine roten Überwachungs-Kontrollleuchten mehr aufleuchten!

Bergfahrt

Dank der Klinkenbremse (Rücklaufsperre), welche bei der Bergfahrt angezogen sein muss, gestaltet sich die Bergfahrt für den Triebwagenführer äusserst einfach. Vor dem Fahrbetrieb muss kontrolliert werden, ob der Fahrkontroller und der Bremskontroller in der NULL-LAGE stehen. Jetzt muss das Totmannpedal betätigt, sowie der Gruppierschalter in die Stellung BF (Bergfahrt) umgeschaltet werden. Unter gleichzeitigem Öffnen der Getriebebremse ist der Fahrkontroller langsam aufzudrehen, bis die entsprechende Bergfahrt-Geschwindigkeit erreicht ist. Dabei erhöhen sich auch die Drehzahl des Dieselmotors und des Generators. Lässt der Triebwagenführer während der Bergfahrt das Totmannpedal los, fällt nach einer Minute das Notbremsschütz sowie auch das Generator-Trennschütz des Triebmotoren-Stromkreises ab und der Dienst-Triebwagen kommt zum Stillstand. Vor der Notauslösung beim Loslassen des Totmannpedals ertönt ein Signal, welches auf das bevorstehende Ansprechen der Sicherheits-Vorrichtung aufmerksam macht. Durch ein sofortiges Wiederbetätigen des Totmannpedals kann die Abschaltung verhindert werden. Der Triebwagenführer muss beim Ertönen des Warnsignals das Totmannpedal kurz loslassen und erneut betätigen (Wachsamkeitsprüfung). Dieser Vorgang der Wachsamkeitsprüfung muss in zeitlichen Abständen wiederholt werden.

Depotfahrt (Talwärts)

Damit auf der Horizontalstrecke im Depotareal mit dem Generatorstrom (Talwärts) gefahren werden kann, hat der Gruppierschalter eine DF (Depotfahrtstellung). Da-

zu muss der Entriegelungsknopf hoch gezogen und gehalten werden, um den Gruppierschalter in die DF zu schalten. Dazu ist auch die Klinkenbremse zu lösen. Die Stellung DF darf nur auf dem Depotareal benützt werden, da im Gefälle der Dienst-Triebwagen in eine Übergeschwindigkeit geraten würde.

Notbremsbetrieb
Wenn der Dieselmotor nicht mehr gestartet werden kann, besteht die Möglichkeit, mittels der Steuerungsart (Notbremsbetrieb) talwärts zu fahren (selbstverständlich nur im Gefälle). Das Bordnetz wird in diesem Falle aus dem Akkumulator versorgt. Die Geschwindigkeit kann in dieser Notbetriebsart nicht geregelt werden und ergibt sich (2–4 km/h) aus dem Gefälle und der Belastung.

Talfahrt (Bremsbetrieb)
Der Dieselmotor und der Generator drehen während der Talfahrt im Leerlauf mit 600 U/min. Die Felder der Triebmotoren werden erregt.

Vor Beginn der Talfahrt muss die Nulllage von Fahr- und Bremskontroller überprüft werden. Dann wird das Totmannpedal betätigt und der Gruppierschalter in die Stellung TB (Talfahrt) gebracht.
Jetzt wird der Bremskontroller im Gegenuhrzeigersinn bis zum Anschlag gedreht. Die Klinkenbremse ist zu öffnen (Bremse lösen).
Die Getriebebremse wird mit dem Handrad im Uhrzeigersinn langsam geöffnet (Bremse lösen).

Beim Erreichen einer Geschwindigkeit von ca. 2 km/h; wird die elektrische Bremsung aktiv und behält diese Geschwindigkeit solange bei, bis der Triebwagenführer mit dem Bremskontroller eine Geschwindigkeitsregelung vornimmt. Eine Neigungszunahme bewirkt eine Erhöhung der Geschwindigkeit.
Die Geschwindigkeit muss laufend dem Gefälle und der Last entsprechend geregelt werden.

Zum Anhalten des Dienst-Triebwagens muss der Bremskontroller wieder im Gegenuhrzeigersinn bis zum Anschlag gedreht werden. Die restliche Geschwindigkeit muss mit Gefühl durch die mechanisch / hydraulische Getriebebremse vermindert werden, bis der Dienst-Triebwagen zum Stillstand kommt.
Danach wird die Klinkenbremse angezogen. Erst jetzt darf der Bremskontroller in die Nulllage gedreht werden.
Der Gruppierschalter wird auch in die Nulllage geschaltet und das Totmannpedal kann jetzt losgelassen werden. Nie darf der Bremskontroller in Normal-Bremsbetrieb in die Nulllage geschalten werden, weil der Dienst-Triebwagen dadurch in die Übergeschwindigkeits-Auslösung geraten würde!

Stationieren des Dienst-Triebwagens
Wenn der Dienst-Triebwagen längere Zeit im Depot stationiert ist, sollte dieser wöchentlich einmal um einige Meter verschoben werden, damit die Lage der Rollen in den Rad- und Getriebelagern verändert und damit eine Punktkorrosion vermieden wird.
Dabei ist unbedingt zu beachten, dass der Dieselmotor solange betrieben wird bis die normale Betriebstemperatur erreicht ist. Ebenso ist darauf zu achten, dass beim Anlassen des Dieselmotors die Abgasturbolader-Lager mit Schmieröl versorgt sind.

Der Dieselmotor ist wie folgt zu starten
- Anlasser ist ohne Vorglühen zu drehen.
- zugleich die Diesel-Stop-Taste drücken, damit kein Kraftstoff durch das Magnetventil zu den Einspritzdüsen gelangen kann.

Technische Daten

Luftgekühlter 12-Zylinder Deutz-Dieselmotor
Typ BF 12 L - 413 F / Nr. 6'009'437

– Leistung Normal	428 PS; 319 kW
– Leistung Reduziert	394 PS; 290 kW
– Hubraum	19'144 cm³
– Arbeitsweise	Viertakt - Diesel
– Verbrennungsverfahren	Direkt-Einspritzung
– Bohrung	125 mm
– Kolben – Hub	130 mm
– Gewicht	1'250 kg
– Drehrichtung	Auf das Schwungrad gesehen, links
– Maximale Nenndrehzahl	2'500 U/min
– Leerlaufdrehzahl	600 U/min
– Verdichtungsverhältnis	16,5 : 1
– Kompressionsdruck	22–30 bar (atü)
– Zündfolge	1-8-5-10-3-7-6-11-2-9-4-12
– Länge	1'577 mm
– Breite	1'192 mm
– Höhe	1'228 mm

– Type: BF 12 L - 413 F	B = Motor mit Aufladung
	F = Schnelllaufender Viertaktmotor
	12 = Anzahl Zylinder
	L = Luftgekühlt
	4 = Baureihe
	13 = Hub der Kolben in cm

- Die Fühler für die Zylinderkopf-Temperaturmessung, sind in den Zylindern 2 und 8 eingebaut.
- Abgasturbolader 3 HF 5230
- Der Dieselmotor darf nach dem Anlassen, nicht sofort voll belastet werden.
- Das Abstellen des Dieselmotors nach hoher Leistung ist zu vermeiden, es ist besser wenn der Dieselmotor noch einige Zeit im Leerlauf betrieben wird!
- Nach den allgemeinen Erfahrungen, sollte ein aufgeladener Dieselmotor, vorwiegend in dem höheren Drehzahlbereich betrieben werden.
- Dieselmotoren mit Direkt-Einspritzung, sind gut für hohe Leistung, dafür ist eine schlechtere Abgasqualität vorhanden.

Bilder-Nachweis:
Eigenes Archiv
Freunde und Bekannte

Dank und Schlusswort

Werner Tschudin
Mitarbeiter der Pilatus-Bahnen, 1971 – 2006
Betriebsleiter der Pilatus-Bahnen, 1989 – 2000

Meine Tätigkeit für die Pilatus-Bahnen, welche man auch als «Ein Leben für die Pilatus-Bahnen» bezeichnen könnte, hat mich während 35 Jahren vollauf befriedigt und ausgefüllt.
Die angenehme Teamarbeit mit meinen Mitarbeitern sowie die Wertschätzung durch die Geschäftsleitung empfand ich immer wieder als besondere Highlights. Ich durfte auch viele wertvolle Kontakte zu Kunden und Behörden pflegen. Es erfüllte mich stets mit Genugtuung, wenn ich meine über die vielen Jahre erworbenen Kenntnisse an meine jüngeren Mitarbeiter weitergeben durfte. Der Aus- und Weiterbildung der Triebwagenführer der steilsten Zahnradbahn der Welt schenkte ich immer wieder meine besondere Aufmerksamkeit. Die gewissenhafte Wartung der Betriebs- und Infrastruktureinrichtungen, sowie die Beratung der Geschäftsleitung im Zusammenhang mit Umbauten und Neubeschaffungen gehörten auch zu meinem anspruchsvollen Aufgabenbereich. Ganz besonders ans Herz gewachsen sind mir die Triebfahrzeuge der Zahnradbahn. Diese, meine Lieblingsobjekte, haben mich dazu bewogen deren noch heute bewundernswerten technischen Eigenheiten mit meiner vorliegenden Schrift einer breiten Öffentlichkeit zugänglich zu machen.

Meine Dankbarkeit gilt zahlreichen Helfern für wertvolle Tipps und Hinweise bei der Gestaltung dieses Werkes.
Ein besonders grosser Dank gilt der Herausgeberin, der FAMO AG, in Alpnach Dorf.

6370 Oberdorf, im Mai 2009

c/o Famo-Druck AG, Schulhausstrasse 7, 6055 Alpnach Dorf
Switzerland